風險與榮耀

Peter Thiel

陳玉新 著

科技預言家彼得·提爾的矽谷傳奇

最大的風險就是不冒風險！
坐在川普身邊的矽谷奇才：彼得·提爾的創業故事

他是一個不走尋常路的投資者，
一個曾經創造過輝煌的創業者，
矽谷「PayPal 黑手黨」的核心人物——

他就是彼得·提爾，

一個依靠技術獲得財富，但最終卻靠眼光征服全世界的人。

最大的風險就是不冒風險!坐在川普身邊的矽谷奇才:
彼得・提爾的創業故事

目 Contents 錄

內容簡介

序　那個坐在川普身邊的人

第一章
沉迷於《魔戒》的少年

第一節　全球輾轉的「德國少年」	16
第二節　彼得·提爾和他的魔幻世界	19
第三節　數學天才和西洋棋高手	23

第二章
天才投資人，從夢想失敗開始

第一節　史丹佛大學的自由主義者	30
第二節　法學院的高才生，夢想鎖定聯邦大法官	33
第三節　法官夢在一步之遙的地方終止	37
第四節　做投資，提爾回歸矽谷	40

最大的風險就是不冒風險！坐在川普身邊的矽谷奇才：
彼得·提爾的創業故事

第三章
PayPal，給技術宅一個春天

  第一節 成功從一次偶遇開始   46

  第二節 機會就在人看不到的地方   49

  第三節 招兵買馬，提爾在創業中的表現   53

  第四節 PayPal，全世界的支付工具   57

第四章
與風險共舞，PayPal 的成功不止是運氣

  第一節 野蠻生長的企業，必然是遍體鱗傷   62

  第二節 與eBay糾葛的開始   66

  第三節 彼得·提爾與伊隆·馬斯克   70

  第四節 混亂中，彼得·提爾請辭   73

第五章
支付戰爭，PayPal 的危局與勝局

  第一節 一場由提爾領導的「政變」   80

  第二節 彼得·提爾創造奇蹟   83

  第三節 對抗eBay，孤注一擲的不屈   86

  第四節 出售，最終的無奈之舉   90

第六章
轉換角色，天使投資人彼得·提爾

  第一節 億萬富翁彼得·提爾   96

  第二節 曇花一現的「逆向投資」   99

  第三節 像佛地魔一樣神祕的投資   103

目錄

　　　第四節　彼得·提爾各種古怪的投資習慣　　　　　　　　107

第七章
沒有彼得·提爾，就沒有祖克柏的 Facebook

　　　第一節　與祖克柏的第一次碰撞只有五分鐘　　　　　　114
　　　第二節　為什麼把錢投給 Facebook？　　　　　　　　　117
　　　第三節　「我們是一樣的人」　　　　　　　　　　　　　120
　　　第四節　最大的風險就是不冒任何風險　　　　　　　　123

第八章
蘋果有「喬幫主」，PayPal 有「提幫主」

　　　第一節　「PayPal幫」，矽谷第一大「黑幫」　　　　　128
　　　第二節　提爾說：人脈就是財富　　　　　　　　　　　131
　　　第三節　PayPal黑手黨是怎麼煉成的？　　　　　　　　135
　　　第四節　教派般的團隊文化　　　　　　　　　　　　　138
　　　第五節　他們「是矽谷的批判者」　　　　　　　　　　141

第九章
「PayPal 黑手黨」的主要成員

　　　第一節　「鋼鐵俠」伊隆·馬斯克　　　　　　　　　　146
　　　第二節　「矽谷人脈之王」里德·霍夫曼　　　　　　　149
　　　第三節　「技術天才」馬克斯·列夫琴　　　　　　　　153
　　　第四節　「會議終結者」薩克斯和「神祕大人物」拉布伊斯　157
　　　第五節　「PayPal黑手黨」其他成員　　　　　　　　　160

最大的風險就是不冒風險！坐在川普身邊的矽谷奇才：
彼得・提爾的創業故事

第十章
站在唐納・川普的身邊

　　第一節　錢支持權，美國總統競選潛規則　　　　　　　166

　　第二節　支持川普？為什麼不可以？　　　　　　　　　170

　　第三節　彼得・提爾的貢獻　　　　　　　　　　　　　174

　　第四節　巨大爭議，支持川普怎麼就犯眾怒了？　　　　178

第十一章
力挺川普，彼得・提爾謀的是未來

　　第一節　不堅持自己，他就不是彼得・提爾　　　　　　184

　　第二節　當彼得・提爾坐在川普身邊　　　　　　　　　188

　　第三節　川普會給提爾帶來什麼？　　　　　　　　　　191

第十二章
彼得・提爾的預言：未來是屬於中國和美國的

　　第一節　一個對中國感興趣的悲觀論者　　　　　　　　196

　　第二節　「中國網路的潛力是無窮的」　　　　　　　　200

　　第三節　別複製別人，「所有的成功都是不同的」　　　204

　　第四節　彼得・提爾給中國創業者的啟示　　　　　　　207

第十三章
長生不老，提爾的「瘋狂」和執著

　　第一節　一個追求「長生不老」的人　　　　　　　　　212

　　第二節　人工智慧，提爾看到了人類的未來　　　　　　216

　　第三節　提爾和他的海上烏托邦　　　　　　　　　　　220

　　第四節　「我要飛車，他們卻只讓我寫一百四十個字」　224

第十四章
從零到一，創業成功的奧祕在這裡

  第一節 學霸彼得·提爾：輟學創業是個好選擇 230

  第二節 創業的七個問題 233

  第三節 創業要躲避開局的陷阱 235

  第四節 創業成功必須學會壟斷 239

  第五節 創業世界的後來者居上法則 243

附錄

  面向未來——彼得·提爾史丹佛大學創業課講義（節選，2012年） 249

  致畢業生——彼得·提爾在漢密爾頓學院畢業典禮上的演講

  （2016年6月3日） 255

  創業法則——彼得·提爾在中國創業論壇上的演講

  （節選，2015年2月26日） 259

最大的風險就是不冒風險!坐在川普身邊的矽谷奇才:
彼得‧提爾的創業故事

內容簡介

當沒有人看好祖克柏的時候,他第一個站出來向祖克柏投資五十萬美元,因此才有了後來的 Facebook。

當沒有人支持川普的時候,他拿出一百五十萬美元站到了川普的身邊,川普成為美國總統有他的一份功勞。

他是一個不走尋常路的投資者,一個曾經創造過輝煌的創業者,以及矽谷「PayPal 黑手黨」的核心人物,他就是彼得·提爾,一個依靠技術獲得財富,但最終卻靠眼光征服全世界的人。

彼得·提爾是暢銷書《從 0 到 1》的作者,這本全球暢銷書讓全世界的創業者和管理者認識到一個完全不同的成功理念,然而,在《從 0 到 1》的背後又發生了哪些故事呢?提爾是怎樣獨具慧眼地選中了祖克柏呢?他的第一桶金又是怎麼樣獲得的呢?在本書中,你將獲得這些問題的答案。

最大的風險就是不冒風險！坐在川普身邊的矽谷奇才：
彼得‧提爾的創業故事

序 peter thiel
那個坐在川普身邊的人

他創建了 PayPal，後來，PayPal 成為矽谷最賺錢的企業，他獲利數十億美元。

他預言了那斯達克泡沫，後來，那斯達克爆發巨大股災，多數投資人血本無歸。

他投資了 Facebook，後來，Facebook 獲得了巨大成功，總市值超過三千億美元。

他是美國總統競選期間唯一公開支持川普的矽谷大人物，後來，川普擊敗希拉蕊成為美國總統。

現在，他又在主持延長人類壽命的研究，天知道未來的某一天，他會為人類創造怎樣的奇蹟。

他就是彼得·提爾，PayPal 創始人，矽谷著名創業投資人，Facebook 重要股東，「PayPal 黑手黨」掌門人，億萬富翁，暢銷書《從 0 到 1》作者，全世界創業者的精神偶像。

一個有如此眾多身分的人，注定身上隱藏著各種各樣的祕密。事實上，彼得·提爾確實是一個非常神祕的人。

最大的風險就是不冒風險！坐在川普身邊的矽谷奇才：
彼得·提爾的創業故事

在十歲之前，提爾跟著家人輾轉過全球七個國家和地區，這讓他養成了兼具孤獨和獨立的性格特質。童年的提爾是一個數學天才，家人都認為他非常理性，但與此同時他也會痴迷於《魔戒》構建的魔幻世界。高中畢業之後，提爾進入史丹佛大學攻讀法律，立志成為聯邦大法官，但同時，他卻是一個不信任政府的自由主義者。法官面試失敗之後，提爾投身於網路，在短短幾年之內就獲得了巨大的成功，而他本人對於網路卻並無好感。在成為創業投資人之後，提爾做了各種各樣讓人意想不到的投資，神奇的是，它們無一例外都獲得了成功。

沒有人知道他是如何做到這一切的，所有人看到的是，提爾就這樣創造了一個又一個令人不可思議的奇蹟。

最近的一個奇蹟，是提爾對於美國總統候選人（現已成為美國總統）唐納·川普的支持。在整個矽谷和全美網路人士對川普一片反對聲中，提爾卻毅然決然地站到了川普的一邊。他為川普募集大量的競選資金，親自為川普站台演講，在公開場合為川普辯護，此舉為他招致了極大的非議，但他並不在乎，他堅持著自己認為正確的選擇，而最終美國大選結果揭曉的那一刻，在全世界一片譁然中，提爾笑到了最後。

在川普贏得大選之後，川普團隊召集矽谷各大人物進行了一場見面會，這場見面會的座次安排上，川普特意將彼得·提爾安排在了自己的旁邊，而他的另一邊則是川普的副總統，僅從座位安排上，就能看出美國新任總統對這位支持者的重視。

在這次見面會上，面對整個矽谷都反對的競選者，矽谷各大人物表情都十分尷尬，蘋果的 CEO 庫克愁眉不展，Facebook 的 COO 雪柔桑德伯格一臉尷尬，甲骨文 CEO 薩弗拉·凱芝表情凝重，就連彼得·提爾的老朋友特斯拉 CEO 伊隆·馬斯克也一臉呆滯。而只有坐在川普身邊的提爾一臉輕鬆，時不時和川普交換一下眼神，甚至開一句玩笑。這幅場景，很好地詮釋了成功者的眼光，而在彼得·提爾到目前為止並不漫長的創投生涯中，類似這樣的場景還有很多。

作為一個創業者、投資者，彼得·提爾總是能夠和成功者站在一起，總是能

夠做出最正確的判斷，並擅長在每一件事上獲得自己的利益。這是一個成功者最重要的特質，而對於他是如何獲得這種特質的，彼得·提爾卻總是諱莫如深。本書的作者想要做的，就是去追溯彼得·提爾的成長經歷，講述發生在他身上的種種故事，發現他這種成功特質形成的根源，最終為讀者揭開彼得·提爾身上各種神祕背後的東西。

作為一個時代的成功者，尤其是一個對未來十分感興趣的投資人，研究彼得提爾的人生經歷和成功經驗，對於我們來說十分重要。在大眾創業的當下，有這樣一個成功者作為參考，相信一定會給讀者的事業前進提供幫助，進而為讀者鋪平屬於自己的成功之路。

最大的風險就是不冒風險!坐在川普身邊的矽谷奇才:
彼得・提爾的創業故事

第一章
沉迷於《魔戒》的少年

最大的風險就是不冒風險！坐在川普身邊的矽谷奇才：
彼得‧提爾的創業故事

第一節
全球輾轉的「德國少年」

「在一個移民的國度，你永遠不知道這些來自『國家之外』的人，會為這個國家創造出怎樣的奇蹟。」當一個社會學者說出這樣的話時，毫無疑問，他指的這個國家就是美國。

美國是一個由移民建立起來的國家，來自世界各地的移民或移民的後代在美國生根發芽，在美國創造出了屬於自己的奇蹟，史蒂芬·賈伯斯是這樣，謝爾蓋布林是這樣，巴拉克歐巴馬是這樣，彼得·提爾也是這樣。

> **移民國家：**
> 美國本質上是一個移民締造的國家，從 1620 年的五月花號送來第一批英國移民開始，北美大陸就敞開懷抱接納來自於全世界的移民。歡迎移民是美國一貫的國策，而在各個時期，來自於全世界各個地區的移民也成為了建設美國的主力。

彼得·提爾並非出生於美國，如果按照出生地算，提爾其實是一個德國人。提爾的父親克勞斯·提爾（Klaus Thiel）是一個化學工程專家，在西德（當時稱為聯邦德國）的法蘭克福市工作。

1966 年，克勞斯和妻子蘇珊娜（Susanna）獲得了自己的第一個孩子，他們將這個孩子命名為彼得·提爾。當時的德國正處於美蘇「冷戰」的最前沿，出於對戰爭的本能恐懼，當時德國有大量的家庭移民到國外，提爾家就是其中的一個。

1967 年，克勞斯和蘇珊娜帶著僅僅只有一歲的小提爾移民到了美國。其實，在一開始克勞斯是有另一個打算的，因為在這一年的元旦，美國北面的加拿大剛剛宣布告別英國自治領時代，那裡正敞開懷抱迎接著世界移民。

但在考慮了一番之後，克勞斯還是決定移民美國，因為在他看來美國的機會更多，這對於家庭的發展和小提爾的成長都是有好處的。

在俄亥俄州的克利夫蘭市，克勞斯很容易就在一家礦冶公司找到了一份工

程師的工作，在這裡他獲得了比德國更優厚的薪資，但條件是他要經常在世界各地出差。

克勞斯先後被派往拉丁美洲和非洲的多個國家常駐（見圖1-1），這使得小提爾在小小的年紀就不得不跟隨父親四處奔波。小提爾先後去過全世界十幾個不同的地方，包括像南非、納米比亞這種當時尚不發達的國家和地區。

圖1-1　彼得·提爾童年時隨全家搬遷線路

這種滿世界的奔波讓彼得·提爾在領略到了不同風俗的生活的同時，也塑造了他別樣的性格，小提爾的性格特點包括：內向、多變、熱愛自由、好奇、喜歡思考和觀察、適應能力強，等等。

生活國家的變換，就意味著環境和生活夥伴的變換，作為一個僅有幾歲的孩子，小提爾必須要面對的一個痛苦是，在剛剛和一些夥伴熟了之後，就馬上要去重新認識一批新的夥伴。總是在與陌生人接觸，這使得小提爾比同齡的孩子相對內向，但這並不是自閉和羞澀的表現，只是一個孩子在接觸到陌生人時的正常反應，而長時間的這種反應，讓小提爾成為了一個內向的人。

生活環境的變換帶給彼得·提爾的不僅僅是內向的性格，還鍛鍊了他不同於常人的適應能力。童年的小提爾總是在不停地適應陌生的環境，這在無形之中就鍛鍊了小提爾的適應能力，使得他在面對多麼複雜的環境時都不會產生慌亂。

好奇、思考、觀察，這也是輾轉生活帶給彼得·提爾的財富。小小年紀的他，對於周圍的一切都保持著強烈的好奇心，但因為父親和母親都長期忙於工作，

最大的風險就是不冒風險！坐在川普身邊的矽谷奇才：
彼得‧提爾的創業故事

小提爾的好奇心只能依靠自己的觀察和思考來滿足，久而久之，小提爾的觀察能力和思考能力都得到了鍛鍊。

四處輾轉使得小提爾並沒有太多固定的朋友，這讓他有更多的時間一個人獨處，每當這個時候，他便開始在內心裡營造另一個世界。

在小的時候，提爾往往對著電視上的西洋棋比賽一坐半天。他就靜靜地坐在那裡，看著大師們對決，在心裡思索著大師們的棋路和意圖。父親每每看到這個場景都十分好奇，他好奇小小年紀的小提爾是否真的能夠理解西洋棋這樣高深的競技，而在內心深處，他也有一絲絲隱憂，他擔心小提爾是不是會成長為一個書呆子。

接下來的事更讓克勞斯開始擔心起小提爾的成長來。他發現，提爾對體育的熱衷度很低，轉而將主要的精力放在了數學上，小提爾的數學天賦是如此得高，在九歲的年紀就可以完成十幾歲孩子也做不出的數學題。

在同一個課堂裡，小提爾和身邊夥伴學習的都是四則運算，回到家，小提爾則自己練習用小數和分數進行四則混合運算，而且還能做簡單的方程。

「孩子以後會不會成為一個數學家呢？」克勞斯想，但無論成為什麼，孩子一定要接受良好的教育，出於這一層考慮，克勞斯在1978年結束了自己的輾轉生活，帶著全家徹底定居在了美國舊金山灣的福斯特市，這一年，小提爾已經上小學五年級了。

雖然年僅十一歲，彼得·提爾這個「德國男孩」卻走了很多成年人沒有走過的路，見識了很多成年人也沒有見過的世界，所以，當他真正開始融入美國的教育體系和生活環境中時，他除了自身帶有的德國人天生嚴謹的基因，以及美國教育環境能夠帶給他的影響外，還多了一些因為輾轉全球而獲得的不一樣的特質。

這些特質對於彼得·提爾來說，不啻一份來自於上天的財富，這份財富在小提爾將來的人生中讓他受益良多，在他成長的過程中，無數的成功都是源自於這些特質。

在成年獲得了巨大的成功之後，彼得·提爾曾說過這樣一句話：「一個人的

一生作為很大程度受他幼年和童年時期對世界印象的影響。」這句話，可以說是彼得·提爾對他童年輾轉的人生感悟，彼得·提爾一生的成功，也正是從這輾轉的童年所帶給他的財富開始的。

第二節
彼得·提爾和他的魔幻世界

　　回到美國，對於彼得·提爾來說不過是又換了一個生活環境，他一如既往地嘗試著去適應新的環境，去交往新的夥伴。然而，提爾漸漸地開始發現，周圍的環境對他似乎並不那麼友好。

　　提爾的同學關係一開始處得也並不是很好，同學們對於這個不知道從哪裡來的新夥伴表現得「過於好奇」，提爾的口音經常成為同學們嘲笑的對象，而提爾那種「書呆子」的特質讓他的學習成績總是名列前茅，這又使得他成為同學們忌妒的焦點。

　　幸運的是，十一歲的提爾身體發育得和他的頭腦一樣良好，比普通同學高出半個頭的提爾總是能夠用拳頭回擊同學的嘲笑，這樣一來二去，同學們開始覺得提爾是一個惹不起的「狠角色」，更多的同學開始向他表達善意，在經歷了一個學期之後，提爾基本上已經和本地的同學打成一片了。

　　同學關係雖然相處得融洽了起來，但學習環境卻讓提爾無論如何也難以適應。當時，提爾就讀的是福斯特地區的斯瓦科普蒙德學校，這是一所管理非常嚴格的學校，用當時一句學生的話講，「已經嚴苛到了教會學校的地步」。在那個婦女兒童權利受到極大關注的年代，提爾的學校居然還保留著體罰學生的傳統，其保守可見一斑。

　　輾轉於全世界，讓提爾養成了崇尚自由的性格，這種性格遇到了如此保守的環境，無疑會給提爾帶來極大的痛苦，提爾曾經試圖擺脫學校的種種束縛，

最大的風險就是不冒風險！坐在川普身邊的矽谷奇才：
彼得・提爾的創業故事

但可想而知，換來的是一次又一次地被懲戒。

比如，斯瓦科普蒙德學校曾要求學生們必須穿著統一的校服入校，如果不穿就不允許入校，而進入學校，如果發現學生穿戴不整齊，也會對學生進行罰站。在提爾看來，學校的校服既古板又笨拙，他幾次嘗試用相似的衣服矇混過關，但每每都被老師識破，換來的是一次又一次地在課堂之外聽課。

因為本身熱愛著自由和個人主義，所以類似這樣的事情在提爾的學生時代屢見不鮮，每一次挑戰，失敗的只能是提爾，不過有趣的是，提爾卻並不因為這些而沮喪，也沒有因為失敗而放棄，他只是樂在其中，享受這種挑戰束縛所帶給他的刺激。

學校的教育十分呆板，提爾的家庭教育也說不上有多麼開明。提爾的父親克勞斯雖然到過很多國家，見過很多的人，但依然保留著德國人的刻板性格，這種性格表現在對提爾的教育上，多少也給提爾造成了一定的束縛。

現在，人們知道最多的就是在提爾小的時候，他從沒有在家裡看過動畫片和電影，因為父親認為動畫片會讓提爾沉迷於其中，所以在提爾童年的時候，家裡連電視都沒有買。

不過，令父親沒有想到的是，他不買電視的行為雖然讓提爾沒有沉迷在動畫片裡，卻讓提爾走進了科幻的世界。

童年對世界的探索多出於內心的好奇，走遍了全世界的提爾更是如此，他的好奇心驅使他對科幻小說產生了極大的熱情。僅僅一年時間，提爾就讀完了他身邊能找到的所有科幻小說。

一九七○年代，正是科幻小說的黃金年代，艾西莫夫的「銀河帝國三部曲」風靡全球，提爾也成了以撒・艾西莫夫的愛好者。在提爾看來，朱爾・凡爾納和赫伯特・威爾斯雖然偉大，但畢竟已經過去幾十年了，偉大作家當年的構想已經成為了現實，而未來會怎麼樣呢？提爾和所有好奇的少年都在思考著這些問題。

就是帶著這樣的思考，提爾拿起了以撒・艾西莫夫和羅伯特・海萊恩的書。在這些科幻大師的筆下，提爾看到了另一個世界，這個世界要比人類居住的地

第一章　沉迷於《魔戒》的少年

球遼闊得多，它遠入太空，充滿了奇幻和想像力，這種散發著人類智慧的想像力讓提爾驚喜進而欽佩，在相當長的一段時間裡，提爾都把自己鎖在書房裡，與這些偉大的科幻著作為伍，以至於連父親都好奇他到底在做些什麼。

在書房的一個個夜晚，提爾拿著手中的科幻小說暢想著浩瀚的宇宙和人類的未來，也就是從那個時候開始，提爾心中升起了一種異樣的感覺，他覺得有一天他能夠透過自己的雙手，改變人類的命運，他為此暗下決心，並執著地相信自己一定能夠做到。

小小年紀的彼得·提爾不僅僅熱衷於科幻小說，對於奇幻小說也同樣熱衷，提爾喜歡科幻作家透過想像力與科學結合而締造的科幻未來世界，也同樣喜歡奇幻作家用單純的想像力締造出來的奇幻世界。

之後，提爾順理成章地迷上了《魔戒》，這部被譽為世上最偉大的奇幻小說由英國大作家J·R·R·托爾金完成，在《魔戒》裡，提爾為托爾金超凡的想像力而著迷，他完全沉浸在了托爾金締造的世界裡。

其實，那個時代像提爾這樣著迷於《魔戒》的少年絕不在少數，後來成為美國歷史上第一位黑人總統的歐巴馬就曾經說過：「當我像你們（中學生）這麼大的時候，我正一頭扎進《魔戒》和《哈比人》之中。它們不只是冒險故事，更教會我如何互動，以及人有善惡。」

以撒·艾西莫夫（Isaac Asimov）

艾西莫夫（1920年1月2日—1992年4月6日），俄裔美國人，著名科幻小說家、科普作家、文學評論家，美國科幻小說黃金時代的代表人物之一。

艾西莫夫一生著述五百餘本，題材涉及自然科學、社會科學和文學藝術等許多領域。艾西莫夫的作品以「基地系列」「銀河帝國三部曲」和「機器人系列」三大系列最為經典，被譽為「科幻聖經」。

艾西莫夫曾獲得科幻界最高榮譽「雨果獎」。他提出的「機器人學三定律」被稱為「現代機器人學的基石」。

機器人學三大定律指的是：

第一定律：機器人不得傷害人類個體，或者目睹人類個體將遭受危險而袖手不管。

第二定律：機器人必須服從人給予它的命令，當該命令與第一定律衝突時例外。

第三定律：機器人在不違反第一、第二定律的情況下要盡可能保護自己的生存。

最大的風險就是不冒風險！坐在川普身邊的矽谷奇才：
彼得・提爾的創業故事

　　受托爾金的影響，提爾也曾經試圖自己創造一個奇幻的世界來，但他發現自己完全不是寫作的材料，他可以任憑自己的想像力隨處發散，卻沒法將想像力轉化成為動人的故事。

　　當然，提爾也並不為此氣餒，不能寫作並不算是一個多麼大的缺點，他的優點還有很多。不過，很快提爾就用另一種方式圓了自己的夢想。

　　1974年，著名的娛樂巨頭威世智公司開發了一款名為《龍與地下城》的遊戲，這是一款類似於《大富翁》的角色扮演遊戲，在這款遊戲裡，提爾找到了實現自己的幻想的可能。

　　接觸到《龍與地下城》這款遊戲的那一刻，彼得·提爾就像是發現了新世界一樣欣喜，在之後的幾年時間裡，他拉著身邊每一個夥伴玩這款遊戲，他在遊戲中盡情地暢想，他在遊戲中學會了與人合作，他在遊戲中得到了快樂的同時也獲得了成長。

　　從十一歲到十八歲這七年裡，彼得·提爾在枯燥的生活和學習環境之外，為自己營造了一個美妙的魔幻世界。這個魔幻的世界給他的成長帶去了極大的幫助，以至於直到今天，提爾身上仍然留有一些天真的奇思妙想，也正是這些奇思妙想，讓他敢於去嘗試那些在普通人看來匪夷所思的事情，讓他獲得了一般人無法企及的成就。

　　魔幻世界帶給彼得·提爾的是創造力，而他另一項愛好——西洋棋，帶給他的則是思考和判斷的能力。

第三節
數學天才和西洋棋高手

在進入美國的頭幾年，除了與魔幻世界為伍之外，彼得·提爾將最大的精力都放在了西洋棋上面。

西洋棋是提爾少年時最熱愛的遊戲，但苦於隨著父親四處輾轉，提爾對西洋棋的熱愛最多也不過是看看電視上的西洋棋比賽，回到美國則完全不同，這裡有完善的西洋棋俱樂部，學校裡下西洋棋的同學和老師也比比皆是，提爾可以找到各種級別的對手與之對戰。

在與同學們的較量中，提爾幾乎從沒有失敗過，他的棋技明顯要高於同年齡段的其他同學，這種對戰讓提爾感覺到無聊，總是與弱者較量有什麼意思呢？提爾想。於是，他纏著家裡人要求到更高的擂台上尋找更強大的對手。父親對於提爾下西洋棋本來就十分支持，於是也鼓勵他參加地區性的比賽。

在地區性的比賽裡，提爾開始遇到參差不齊的對手，有些對戰很容易就贏了，有些對戰則要費一番功夫，但總的來說是贏多輸少，小小年紀的提爾很快便在地區性的比賽中脫穎而出，開始參加全國性的西洋棋比賽。

到了全國大賽場上，提爾開始感覺到自己實力的不足，他連番遭遇失利，遇到一些強大的對手近乎是完敗給對方。

如果僅僅是一項業餘愛好，以十幾歲的年紀能夠進入全國性的比賽已經就很不容易了，提爾應該為此心滿意足。但天性好戰又有極強求勝欲的提爾絕不允許自己只做個「全國水準」的棋手。

被擊敗不要緊，比賽下來一定要好好總結，只要最後一次戰勝了，就是一個勝利者。帶著這種信念，提爾開始了屢敗屢戰的「進階」階段。每當遭遇強大的對手，提爾總是在賽前做好準備，賽後對比賽進行總結，從對手的思路上面思考自己的得失，看看自己到底輸在哪裡。

最大的風險就是不冒風險！坐在川普身邊的矽谷奇才：
彼得・提爾的創業故事

　　一次次，當提爾完全不知道自己的問題所在時，他沒有選擇放棄，而且投入更大的精力去思考，甚至求教於對方，這樣的態度讓他的棋技在幾年之內迅速提升。一開始在全國性比賽上勝少負多，之後不久便開始勝負持平，到了後來則變成了勝多負少。

　　勝率越來越高的提爾開始參加全國排名賽，在全國排名賽裡，他以最小的年紀，卻獲得了最高的排名，在全美二十一歲以下階段西洋棋比賽中，年僅十六歲的提爾折桂，「西洋棋天才」的名號不脛而走。

　　有意思的是，雖然求勝欲極強，但對於這個全國冠軍提爾卻並不那麼看重。他享受的更多是比賽和戰勝對手的過程，至於背後的榮譽，即便在當時的提爾看來也是可有可無的。

　　那時候，提爾有一個練習用的棋盤，他在上面貼上了一行字「天生贏家」，這行字被夥伴們看作提爾爭強好勝的象徵，但等到一次提爾在練習中輸掉了比賽，夥伴們才發現，在提爾的棋盤背後還有另外一行字「勝固欣然，敗亦可喜」。

　　提爾撫摸著這行字對朋友們哈哈大笑，神情裡有一種終於被拆穿了的壞笑，完全沒有受到剛才的影響，此時夥伴們才發現，提爾享受的是比賽的過程，以及在訓練和比賽中讓自己變得強大的歷練，至於勝負本身，提爾反倒是非常樂觀地看待的。

　　從那時候開始，西洋棋就一直伴隨著提爾的生活，無論在青澀的學生時代，意氣風發的律政時代，還是功成名就之後，提爾都始終沒有改變他對西洋棋的熱愛。

　　值得一提的是，在一九九七年，彼得・提爾在電視上目睹了西洋棋一號人物加里・卡斯帕洛夫敗給了人工智慧電腦「深藍」（見圖1-2），這並沒有打消他對於西洋棋的熱情，但卻燃起了他對於人工智慧的興趣。

　　提爾曾說：「我可能仍然在網上玩很多的西洋棋。不過我很久沒有參加西洋棋錦標賽了。它（西洋棋）是藝術、科學和體育的一些奇怪的組合，它是會讓人有點上癮。它有一些很好的東西和一些不健康的能讓人上癮的東西，我想。可能是我最喜歡做的事情是與朋友交談。我不認為很重要的事情要作為一種業

第一章 沉迷於《魔戒》的少年

餘愛好,但這是我非常喜歡的一種活動。」

在西洋棋的提子和落子之間,提爾結束了自己的初中生涯,進入了高中。高中階段,提爾就讀於聖馬特奧高中,那是舊金山灣區西部一個富人區的私立高中,這裡的氛圍自然要比呆板的斯瓦科普蒙德學校自由很多,在這裡他交到了很多新的朋友,思想和做事風格也開始漸漸美國化。

那個時候,提爾最喜歡的作家是俄裔猶太女作家艾茵·蘭德。蘭德是一位極為推崇個人主義和利己主義的作家,在蘭德的著作裡,到處都充斥著個人價值觀、無神論思想和小政府主義。

在蘭德的書中,提爾體會到一種精神,就是一個因為其能力和獨立性格而與社會產生衝突的人,依然要勇敢地奮鬥不懈朝著理想邁進。這種精神讓提爾產生了一種個人英雄主義的情感,小小年紀的他就覺得,自己是一個不同於其他人的人,自己要堅持自己想做的事,並最終成為一個萬人矚目的英雄。

除了艾茵·蘭德,提爾在高中時代的另一個偶像是當時的美國總統隆納·雷根,雷根是就任時年齡最大的美國總統,同時也是最有魅力的美國總統之一。雷根擅長演講,執政理念是偏重於現實的保守主義,這兩點都很對提爾的胃口。

因為在少年時到過很多國家和地區,耳濡目染地見過很多不同的風俗,再加上定居美國之後在適應期遇到的很多不甚理解的事情,讓喜歡思考的提爾小小年紀便在心中充滿了疑惑,而現在,他心中的疑惑都被雷根總統去除掉了。

艾茵·蘭德(Ayn Rand)

艾茵·蘭德(1905年2月2日－1982年3月6日),俄裔美國人,著名哲學家、小說家和公共知識分子。

艾茵·蘭德的哲學理論和小說開創了客觀主義哲學運動,她的哲學和小說裡強調個人主義的概念、理性的利己主義(「理性的私利」)以及徹底自由放任的市場經濟。她相信人們必須透過理性選擇他們的價值觀和行動;個人有絕對權利只為他自己的利益而活,無須為他人而犧牲自己的利益,但也不可強迫他人替自己犧牲;沒有任何人有權利透過暴力或詐騙奪取他人的財產,或是透過暴力強加自己的價值觀給他人。

艾茵·蘭德的代表作品有《源泉》《阿特拉斯聳聳肩》等數本暢銷的小說。

最大的風險就是不冒風險！坐在川普身邊的矽谷奇才：
彼得・提爾的創業故事

圖 1-2　歷史性的時刻

人類西洋棋大師加里・卡斯帕洛夫輸給了人工智慧電腦「深藍」。

作為網路從業者和西洋棋愛好者，彼得・提爾目睹了這場比賽，並產生了對人工智慧的進一步思考。

用提爾自己的話說，「就像是心中的所有疑惑都得到了正確的解答。」（「There were sort of like all these answers that had finally been figured out and that were right.」）提爾為此感到欣喜，並第一次覺得自己真正地成為了一個美國人。

受雷根總統的感召，提爾想要成為一名法官，為這個有夢想的國家貢獻自己的力量。成為法官的捷徑是考進一所名牌大學，提爾將目標定在了加州的史丹佛大學，對於史丹佛大學，提爾有一個優勢。

這個優勢是他的學習成績十分出色，尤其是數學成績。提爾從小就是一個數學天才，初中的時候提爾長期位居全校數學考試第一名，並且還在加州的比賽中獲得過前幾名。

進入高中之後，提爾依然扮演著數學天才的角色。在聖馬特奧高中老師的

心目中，擅長數學的提爾應該會成為一個未來的理論科學家，或者電腦人才，但他們萬萬沒有想到，提爾一直在心中堅持著他法律的夢想。

不過，數學天才的名聲在加州不脛而走，還是能夠為提爾贏得名牌大學的好感度，在高中階段獲得了數學競賽的優勝之後，提爾非常肯定地了解到，這個成績一定會給他進入史丹佛大學增加籌碼。

雖然老師們並不了解提爾以後打算做些什麼，但提爾身邊的朋友們卻知道。有時當提爾對於自己能否進入史丹佛感到憂慮的時候，身邊的好朋友都會過來鼓勵他。一位朋友曾經送給提爾一張卡片，上面只有一句話，「你一定會考入史丹佛大學」，這句話讓提爾溫暖無比，以至於時隔多年之後，提爾仍然能夠回憶起收到卡片時那感人的一幕。

1985年，提爾從聖馬特奧高中畢業，這一年的全美大學入學考試中，提爾以優異的成績被史丹佛大學錄取，他給自己許下的諾言最終實現了。

不過，雖然數學成績為提爾進入史丹佛大學加了分，但在大學提爾主修的卻是與數學無關的哲學。從少年時期開始，提爾就是一個熱愛思考的人，哲學正是一個讓提爾能夠暢想的天地，在哲學的世界裡，提爾朝著自己的夢想——聯邦大法官進發了。

最大的風險就是不冒風險！坐在川普身邊的矽谷奇才：
彼得・提爾的創業故事

第二章
天才投資人,從夢想失敗開始

最大的風險就是不冒風險！坐在川普身邊的矽谷奇才：
彼得・提爾的創業故事

第一節
史丹佛大學的自由主義者

1985年八月，夏季的陽光直射在北加州溫暖的草地上，史丹佛大學迎來了又一屆的新生，彼得・提爾跟隨著人群，走進了他嚮往已久的校園。

史丹佛大學是全世界最好的大學之一，它有著厚重的歷史、豐富的資源以及多姿多彩的校園生活。提爾剛剛進入史丹佛的時候，發自內心地為這種生活感到陶醉，他體會到了象牙塔裡的美好。

學習、體育、西洋棋比賽、校園辯論、演講……生活像走馬燈一樣變換著，提爾既品嚐到了令人舒適的慢節奏生活，也適應了讓人亢奮的快節奏學習，並且與全世界最聰明的頭腦相互切磋，讓提爾眼界大開的同時，也逐漸形成了自己特有的人生觀和價值觀。不過，對於提爾來說，這種人生觀、價值觀形成的過程，實際上是經歷了一些痛苦的。

一九八〇年代的美國大學裡，美國傳統勢力漸漸弱化，多元文化衝擊著傳統的價值觀，大學生追求的是自由、權力、開放性、社會多元化，反對的是保守、傳統以及強勢文化。史丹佛大學作為美國文化氣息最濃的

> **八〇年代的美國校園**
>
> 經過六〇、七〇年代狂熱的反戰思潮，美國大學從進入八〇年代開始陷入多元化階段。這一時期，正好是西方新保守勢力紛紛上台的時期。因為受經濟和東西方「冷戰」的影響，西方亟須強力的領導人對現狀進行改變，雷根等一批領導人就是在這樣的背景下登上歷史舞台的。
>
> 雷根總統在經濟、外交方面的雷根主義讓美國重新煥發了活力，並在美蘇爭霸中占據了主導地位，最終促使了蘇聯解體和東歐政變。
>
> 雷根雖然有如此政績，但因為他在國內的保守主義經濟政策，招致了左翼知識分子尤其是大學生的反對。因此在雷根主義在全世界大獲全勝的同時，在美國內部卻掀起了一股反雷根主義。值得一提的是，在反雷根這股潮流當中，美國學生不再像反越戰的時候變現得那麼一致，很多人也試圖站在了支持雷根的一方，這就包括了彼得・提爾。

大學之一，自然是走在了這種革新的前列。而這些對於提爾來說，多多少少是有些無所適從的。

提爾雖然不是生在美國，並且直到十一歲才返回美國，但正是因為在後天的成長過程中接受了美國文化的影響，保守、傳統的價值觀已經深入了提爾的心中，所以對於當時史丹佛中如火如荼的校園運動，提爾多少都是有些反感的。

剛好這個時候又一件大事發生了，按照美國政治慣例，每一任總統可以擁有一座以他命名的、由私人或企業贊助修建的圖書館。這個圖書館既是檔案館，又是紀念館，職能是保存總統的檔案文件，收藏總統接受的禮物，等等。

1985年是雷根總統第一任期結束的年份，按照慣例，雷根總統也將擁有一座以他命名的圖書館。當時，雷根總統已經和史丹佛大學達成協議，雷根圖書館將設在史丹佛校園裡。

在史丹佛大學的管理層看來，擁有一座總統圖書館是一件極大的榮譽，但史丹佛的學生們卻不這樣認為。崇尚自由和開放的史丹佛學生們，不願意接受以保守著稱的雷根將他的圖書館設在校園裡，學生們舉行了曠日持久的抗議，後來一些自由派教授也加入了進來。

彼得·提爾是雷根總統的愛好者，他曾經一度將雷根視為美國當時最大的英雄，了解到雷根圖書館選址在史丹佛校園裡，提爾著實興奮了一陣。因此，當看到身邊的同學們一個個到校園裡去抗議的時候，提爾一方面感覺莫名其妙，一方面又有了一種卓然不群的孤獨和自豪。

可能就是從這一刻起，提爾覺得他與其他同學是不一樣的。這種異類的感覺並不讓他恐懼，反而讓他興奮，他突然有一種要站在世俗之外的想法。

與此同時，史丹佛大學以及全美的其他學校還在進行著一種被稱作「去除傳統」的運動，學生和教授們主動要求剔除掉教案中那些被認為是「美國名著」的文章和內容，轉而增加進入更多多元化的內容。

在這件事上，提爾又選擇了站在普通人的對立面上。雖然提爾對於多元文化並沒有任何不好的看法，但他卻也熱愛著那些偉大的名著。在圖書館裡，在那些門可羅雀的名著書架前，圖書管理員總能夠看到提爾的身影。

最大的風險就是不冒風險！坐在川普身邊的矽谷奇才：
彼得·提爾的創業故事

在這些偉大的名著前，提爾就像一個哲學家一樣，思考著整個社會的未來，他的心中充滿了對現實的疑問。包容多元文化真的是正確的嗎？保守主義真的沒有可取之處嗎？提爾這樣思索著，他迫切想要尋找到一個正確的答案。

在史丹佛大學，最終幫助提爾解答了心中這些疑惑的是勒內·吉拉爾教授，吉拉爾教授有「人文領域的達爾文」之稱，他出生在法國，是著名人類學家，當時正任教於史丹佛大學。

在史丹佛，學生們也會選擇性地放棄一些課程，但對於吉拉爾教授的課提爾一節也沒有錯過。吉拉爾教授學術研究碩果纍纍，其中最有名的就是他的「模仿慾望」的概念，吉拉爾教授認為，人的潛意識傾向於與身邊人的意願保持一致，因而模仿廣泛存在於人的社會中。這個理念後來根植於提爾的心中，並直接在他的商業選擇上造成了作用。

史丹佛大學有各種各樣有趣的學生社團，提爾加入了其中一個名為「吃貨俱樂部」的社團當中，在這裡，他不但享受了美食，還結識了一位至關重要的朋友——大衛·薩克斯，他以後的共同創業者。

但在此時，大衛·薩克斯和彼得·提爾只是兩個窮學生，和所有學生一樣，他們熱愛自己喜歡的事物，並執著於自己的思想理念，兩個人經常在一起探討問題，討論的主題非常廣泛，包括進化論、自由意志哲學、人擇原理，等等。

大衛·薩克斯曾經這樣描述提爾：「他總能在五分鐘之內駁倒你，就像下西洋棋一樣。他是一名自由意志主義者，但是他也會問類似『核武器交易市場的存在合法嗎？』這樣的問題。他總是深入地挖掘論點，並找到你的漏洞。他喜歡贏。」

在經歷了自由的大一生活之後，到大二的下半年，提爾決定自己做點什麼。於是，他和另一個同學一起創辦了一本校園雜誌——《史丹佛評論》（Stanford Review），這是一本具有強烈個人色彩的刊物，提爾擔任總編，並藉此將自己的理念傳播給他在史丹佛的讀者們。

當時，為了讓自己的觀點更有說服力，提爾還逆潮流而動，特意選修了一門名為「政治不正確」的課程。在這個課程上，他的自由派觀點更加鞏固，在

刊物上發表的文章也越來越激進。結果自然可想而知，在當時史丹佛大學的氛圍下，沒有人喜歡聽提爾逆耳的忠告，它的報刊屢屢被扔到廢紙簍裡面。

無論如何，彼得·提爾第一次將自己的個人理念以有形的形式傳遞給了其他人，雖然效果不怎麼好，但已經足以讓提爾為自己感到驕傲了。經過了四年的學習，提爾在 1989 年拿到了史丹佛大學哲學學士學位，要成為一個哲學家進入大學教學嗎？提爾毫不猶豫地選擇了「不」，他沒有離開史丹佛大學，而是一轉身進入了史丹佛大學法學院，接下來，他要為自己的法官夢而努力學習了。

第二節
法學院的高才生，夢想鎖定聯邦大法官

現在，當人們說起彼得·提爾的夢想時，首先想到的一定是他的人工智慧計畫、長生不老計畫、海洋家園計畫，從小的時候起，提爾就是一個天馬行空的人，喜歡做各種各樣的夢。

但是，如果深究起提爾最看重、堅持時間最長的夢想，那恐怕就非成為美國聯邦大法官莫屬了。

法官這個職業在美國一直是非常神聖的，它代表著正義、公正、權力和責任，幼年就喜歡思考並且一身正氣的提爾，從小就立下了志願，以後一定要做一個正直公平的法官，為美國守護法律的尊嚴。

因此，從史丹佛哲學系畢業之後，提爾沒有選擇就業，而是留下來繼續讀書，只不過他從哲學系變動到了法律系（見圖 2-1），他要朝著自己的夢想前進了。

最大的風險就是不冒風險！坐在川普身邊的矽谷奇才：
彼得·提爾的創業故事

圖 2-1　史丹佛大學法學院

　　彼得·提爾曾經在史丹佛法學院學習，並夢想離開史丹佛之後成為一名優秀的法官。

　　有些讀者可能會認為，從哲學橫跨到法律，這麼大的跨度說明彼得·提爾不會是一個優秀的法律從業者，因為他的基礎不牢靠，其實並非如此。在西方國家，法律最開始的雛形其實就是哲學對於人類社會的思考，而現代法律在很大程度上也是透過思考、辯論才得以演進的。

　　如果法律從業者僅僅只要靠背法律條文就能夠擔任，那麼史丹佛大學法律系恐怕與小型法律培訓機構也沒有什麼區別了。精英教育的重點就在於，不但要教會你知識，還要教會你如何去思考。

　　在史丹佛法學院，提爾學習得非常刻苦，他喜歡思考法律條文的正確與否，以及法律與社會風俗、社會認知的疏離之處，對於法理的研究和思考更是讓他入迷。

　　成為一位偉大的法官，不僅僅要有過硬的法律知識、思辨的頭腦，還需要有極強的正義感，在這一點上提爾做得非常好。

　　提爾是一個十分注重個人道德的人，他信奉猶太學者歐文·克里斯托的社會

哲學，認為傳統價值觀是捍衛社會正常秩序的準繩。他對於很多道德敗壞的行為都十分看不慣，為此身上時刻充滿了使命感，對於此，當時的提爾沒有覺得有什麼不好，反而覺得這是對自我的一種內在鞭策。

提爾在史丹佛大學法學院刻苦學習的時候，正是左派與右派打得不可開交的時候，作為一個內在道德標準極高的人，提爾是一個堅定的右派，他鄙視左派不尊重個人自由而只追求平等，為此還經常和左派同學發生衝突。

我們不知道這個時候的提爾有沒有對美國的未來進行思考，但他一定從法律的角度，構想過自己在未來的聯邦大法官的位置上，應該怎樣謀求自由和平等的平衡。

可能就是在那個時候，提爾內心深處對於平等的重要性開始大打折扣了，也正是那個時候，為提爾日後支持川普成為美國總統埋下了伏筆。

1992年，提爾順利通過了論文答辯，拿到了史丹佛法律學位，而就在此時，一件事情的發生再一次觸動了彼得·提爾。

史丹佛法學院的一名學生，基思·拉布伊斯在史丹佛進行了一次旨在測試言論自由極限的行為試驗，他在導師宿舍外面大聲喊叫反同性戀口號——「同性戀！同性戀！希望你們得愛滋死掉！」

在當時的史丹佛校園，左派論調占據上風，左派認為同性戀與異性戀應該享有同等的權利，應該受到同等的尊重，不但不應該被歧視，歧視同性戀的行為反而應該受到抨擊。

因此，可想而知基思·拉布伊斯在史丹佛如此的行為，必然會引起公憤，就這樣，基思·拉布伊斯成了眾矢之的，學校裡爆發了強大的聲浪抨擊他，很多人攻擊他是「史丹佛的恥辱」，更有些人認為他這樣的人不應該留在史丹佛，要求校方將他驅逐出校。

校方當然不會因為基思·拉布伊斯的言論就把他驅逐出校，但有礙於抗議聲浪過於強烈，還是對基思·拉布伊斯做出了通報批評。

這件事情讓提爾感到無比地震驚，他覺得基思·拉布伊斯的言論即便是有所偏差，但也不至於引發如此大規模的抗議。如果史丹佛都不能容得下異端言論，

最大的風險就是不冒風險！坐在川普身邊的矽谷奇才：
彼得・提爾的創業故事

那麼美國還能去哪裡找一片自由的土地呢？即便基思·拉布伊斯說得不對，但憲法不是賦予了公民表達自我的權利嗎？為什麼要將他驅逐出校呢？

我們不知道基思·拉布伊斯的行為和提爾有什麼關係，但我們很難相信提爾在事先不知情，因為基思·拉布伊斯就是提爾主編的《史丹佛評論》雜誌的編輯，而在提爾創辦 PayPal 的時候，他也被延攬進入了創業團隊。

但無論如何，這件事讓提爾看到了美國知識分子中間也存在著一種無視人的自由而將平等凌駕於自由之上的氣氛，對於此，他是無法容忍的，這就更堅定了他要成為一位偉大法官，維護憲法尊嚴和個人自由的理想。

這次事件後不久，為表達自己的政治觀點，提爾決定和好友戴維·薩克斯合作一本書，內容是揭露美國大學校園裡充斥的政治正確和多元文化論，闡述這種思潮的錯誤和危險。

戴維·薩克斯回憶說：「提爾其實在很早之前就想寫這樣一本書，過去你如果問我『他將會成為什麼樣的人？』我肯定會說，『他將成為下一個威廉·巴克利（作家、評論家）或喬治·奧威爾（政治作家、思想家）。』」

最終，這本著作於 1995 年出版了，兩個人將它取名為《多元化神話》。提爾在書中列舉了一個又一個例子，來表明認同政治在校園內的過度盛行，並警告這種認同政治將導致美國走向褊狹。

在書中，提爾這樣回憶基思·拉布伊斯這件事：「他的舉動直接地挑戰了我們最為根本的禁忌之一，即為同性戀行為和愛滋建立關聯意味著多元文化論者最喜歡的生活方式之一可能增加他們感染疾病的可能性，意味著並不是所有生活方式都合乎情理的。」

無論怎麼樣，隨著基思·拉布伊斯事件的塵埃落定，提爾也告別了他生活和學習七年之久的史丹佛校園，現在，是到了去追逐夢想的時候了。那麼，等待在提爾大法官道路上的將會是什麼呢？

第三節
法官夢在一步之遙的地方終止

在美國的司法體系下，法官又分為民選法官和任命法官，其中聯邦層面上的法官多是由任命產生的，尤其是最高法院大法官，更是全部由總統任命。

要成為最高法院大法官，首先要從基層法官做起，熟悉法律體系，積累執法經驗，並獲得一定的社會聲望，才能夠一步步向上提升自己的影響力，而這往往需要一個十分漫長的過程。

對於一個法律從業者來說，要想盡快地走上法官之路，還有一條捷徑，那就是成為最高法院的一般僱員或成為大法官的助手。

所謂一般僱員，指的就是最高法院的書記員、聯絡員等，這些職位需要一定的法律功底，但並不對年齡過大的法律人士開放，且有一定經驗的法律從業者也不屑於做這種「打雜」式的工作。

因而這些職位往往就會留給各大學法律專業的畢業生作為實習之用。如果畢業生在實習期間表現得十分優秀，那麼可能會被留

美國最高法院大法官

美國最高法院大法官是美國聯邦政府司法部門的領袖，領導美國最高法院。大法官並不日常性直接參與到具體案件的司法審判，而只對一些重大有爭議的案件進行最終裁決，以捍衛美國法律和憲法。

最高法院大法官名額共為九人，其中一人為首席大法官。大法官任期終身，除非主動退休或遭到彈劾，否則永遠任職。

在最高法院，但一般情況下，實習結束之後，實習生的法院經歷也就算結束了。即便如此，這個機會對於畢業生來說依然是彌足珍貴，每年有數萬人向最高法院遞交申請，但通過的只有十幾個人。

彼得·提爾一開始想走的就是這條路，他首先在聯邦上訴法院獲得了一個實習的機會，對於這個機會，他一開始是非常重視的。

在提爾看來，這個實習給了他兩個機會，第一個是見識現實中的司法運作，

最大的風險就是不冒風險！坐在川普身邊的矽谷奇才：
彼得·提爾的創業故事

並從身邊的法官身上學習經驗，第二個是為進入最高法院實習做準備，因為最高法院偏向於接納有過實習經驗的畢業生。

在實習了一段時間之後，提爾向最高法院遞交了申請，職位是實習書記員。對於當時的提爾來說，那個職位是他夢寐以求的，要知道，最高法院是法律界精英匯集的地方，同樣在一起的實習書記員，十年之後說不定誰就會成為聯邦巡迴法院的法官，誰會在司法部門擔任要職，就更不用說在最高法院每天可以接觸到的傑出法官了，如果能夠成為某個大法官的助手，那麼個人前途基本上就已經有保障了。

不久之後，提爾接到了面試邀請，他的申請通過了，不過在成為書記員之前，他需要經歷幾輪面試。

前兩輪面試提爾很輕鬆地就通過了，扎實的法律基礎，得體的言談舉止以及身上無時不散發出的自信都給面試官留下了良好的印象。況且，作為史丹佛大學的畢業生，提爾的學歷是足夠顯赫的。

接下來，就是最後的大法官面試了，如果面試成功，提爾就將獲得他的職位，並且，如果表現得出色，還可能給大法官留下深刻的印象。提爾知道這次面試的重要性，因此他好好準備了一番，當他知道面試他的大法官是安東寧·史卡利亞時，他已經隱約感覺到命運女神在向他示好了。

這個安東寧·史卡利亞是何許人也？為什麼提爾會覺得被他面試是一種幸運呢？

安東寧·史卡利亞是義大利裔美國人，畢業於喬治城大學，後來在哈佛大學法學院學習，曾參與頗負聲望的《法律評論》編輯工作。1986 年，安東寧·史卡利亞被隆納·雷根總統任命為聯邦最高法院大法官，而提爾申請的時候，他已經成為最高法院首席大法官了。

安東寧·史卡利亞的政治傾向非常保守，在職業生涯中，他支持死刑，反對墮胎，反對同性戀，反對控槍，堅持憲法賦予公民的自由，堅持法律的權威，是一個出名的強硬右派。

安東寧·史卡利亞的政治觀點和提爾是如此的如出一轍，以至於早年間提爾

第二章　天才投資人,從夢想失敗開始

就曾經將安東寧史卡利亞視為自己在法律界的楷模,他的目標就是要成為安東寧史卡利亞那樣的大法官。

能夠被自己的偶像面試,且雙方有著雷同的政治觀點,面試過程一定會無比地順利,至少在提爾看來,事情會朝著對他有利的方向發展。

然而,讓提爾失望的是,安東寧·史卡利亞大法官最終否決了他,面試中發生了什麼提爾並沒有透露,但我們可以想像得到,在被安東寧·史卡利亞拒絕的一剎那,提爾的內心會是多麼地沮喪。

不過,很快提爾便得到了第二次面試,面試官是另一個大法官安東尼·甘迺迪。安東尼·甘迺迪大法官並非出自著名的甘迺迪家族,而是一個來自加利福尼亞州的、依靠自己努力獲得社會認可的法律精英。

安東尼·甘迺迪也是在 1986 年被雷根總統任命為聯邦最高法院大法官的,他不像安東寧·史卡利亞那樣強硬,他的政治立場是中間偏右。在 2015 年,他曾寫下了最高法院裁定同性婚姻合法的判詞,被網路稱為「最美判詞」。

對於安東尼·甘迺迪大法官的面試,提爾內心已經從自信的竊喜變成了忐忑的緊張,他知道這是自己最後的機會了,從這扇門走出去,他可能要很久才能再敲開最高法院的大門了。

雖然提爾依然很好地準備了面試,但面試效果依然不理想,他又一次被拒絕了,這一下最高法院的大門對他這個畢業生來說徹底關上了,那麼下一步要去哪裡呢?提爾想。

思考了幾天之後,他決定先找一份工作。從最基礎的法律事務做起,在提爾來看,他現在也只能如此了。

史丹佛大學法學院畢竟是一塊「金字招牌」,提爾的工作很快便找到了。蘇利文·克倫威爾律師事務所給了提爾一份工作。

蘇利文·克倫威爾律師事務所是一家在國際上享有極高聲望的法律機構,他們主要服務的對象是一些上市公司和跨國企業,在企業融資、上市、併購、破產過程中出現的法律問題方面具有極高的話語權,尤其善於處理企業破產重組的問題,因此被商業界尊稱為「華爾街醫生」。

最大的風險就是不冒風險！坐在川普身邊的矽谷奇才：
彼得‧提爾的創業故事

提爾能夠獲得這樣一份工作，實際上也足以令人羨慕了，他在蘇利文·克倫威爾律師事務所工作了整整七個月的時間，見識了各種各樣的商業法律諮詢事務，如果就這樣下去，他雖然離法官夢越來越遠，但依然可以憑藉商業法律事務方面的積累慢慢混入上流社會，成為法律精英。

然而，提爾忽然厭倦了這種循規蹈矩的生活，他覺得這並不是他想要的，那麼，他想要什麼呢？這個時候，他發現自己在蘇利文·克倫威爾律師事務所得到的不僅僅只有金錢，還有其他的收穫。

第四節
做投資，提爾回歸矽谷

在蘇利文·克倫威爾律師事務所工作期間，提爾接觸到很多商業問題都與金融市場有關係，這讓提爾覺得金融市場非常有趣，那裡充滿了財富和不確定性，這要比現在索然無味的工作有趣得多。

在打定主意之後，提爾向蘇利文·克倫威爾律師事務所遞交了辭呈，從此離開了法律領域，直到今天也沒有再回去過。

在華爾街，提爾找到了自己在金融領域的第一份工作，在瑞士信貸第一波士頓銀行負責金融衍生工具交易工作。這是一個非常有挑戰性的工作，操作員只需要對市場做出判斷，然後用金融衍生工具進行交易就可以了，能否為公司賺錢是評價他們工作價值的

> **矽谷**
>
> 矽谷是位於舊金山灣區南部聖塔克拉拉縣的一段二十五英里長的谷地，這裡早期有大量從事與由高純度的矽製造業有關的企業，因此而得名為矽谷。
>
> 矽谷的興盛是源自於史丹佛大學在這裡開闢產業園，允許高科技企業及創業企業租用辦公場地。早期在矽谷落腳的企業有惠普、英特爾、蘋果等，1972年，隨著創業投資的到來，資本極大促進了矽谷的成長。財富與科技創新的結合，締造了一個又一個的成功企業，並最終締造了矽谷的成長神話。

第二章　天才投資人，從夢想失敗開始

唯一標準。

在此後的一段時間裡，提爾的主要時間都放在學習和思考中，當然，他還要時常向外界的客戶介紹自己。直到今天，網路上還流傳著當年提爾向用戶推薦自己的影片。

金融交易的工作讓提爾覺得很有趣，他在這個過程中學到了大量的金融知識，這些知識深深地烙在了他的心裡，以至於在多年之後他在考慮 PayPal 上市的問題時，依然能夠運用當年他在瑞士信貸學習的知識進行下意識地判斷。

提爾雖然喜歡這個工作，但他的工作成績卻並不突出，不久之後，提爾選擇了離開，離開的原因他至今也沒有透露，但恐怕也與工作不開心有關。

從瑞士信貸第一波士頓銀行離職之後，提爾還先後做了幾件事情，這其中比較有名的是為美國教育部前部長威廉姆·班尼特撰寫演講稿。提爾的演講稿受到威廉姆·班尼特的好評，這反映了提爾過人的文筆和思辨能力，不過，這項工作他也沒有做太久。

1996 年，提爾徹底失去了所有工作，這時的他已經三十歲了，在瑞士信貸第一波士頓銀行的工作讓他賺了一些錢，但這些錢不足以讓他失去前進的動力，那麼接下來要做些什麼呢？提爾在思考著。

當時，提爾已經意識到了網路是一個正在成長的商業寶藏，那裡有很多機會，如果能夠乘上這個東風，去網路領域做些什麼，那應該會是一個不錯的選擇。

網路世界的中心在哪裡？毫無疑問，在加州的矽谷，自一九七〇年代興起之後，那裡就成了全世界科技創新和科技創業的中心。對於矽谷，提爾一點也不陌生，因為他的母校史丹佛大學就坐落在那裡，大學畢業之後，提爾也有不少的同學到矽谷求職或創業。「那麼就去矽谷吧！」提爾這樣想。

到矽谷做什麼呢？提爾對網路技術並不十分了解，對於科技他雖然熱衷，但也沒有到能夠用科技來創業的階段，他最熟悉的是法律，但在矽谷，像樣的法律機構多如牛毛，他能做什麼呢？

最後，提爾想到了一個主意，去做創業投資人是一個不錯的選擇。用手裡

最大的風險就是不冒風險！坐在川普身邊的矽谷奇才：
彼得·提爾的創業故事

的錢投資好的創意獲得原始股，然後等公司上市之後套現獲得巨額回報，這不正是他在金融投資領域學到的東西嗎？打定主意以後，提爾從家人和朋友那裡募集了一些錢，連同自己攢下的錢一共籌了一百萬美元，就這樣，他帶著自己的一百萬美元來到了矽谷。

對於1996年的世界來說，一百萬美金不是一個小數目，尤其是對於矽谷的初創企業（見圖2-2）。但一開始，提爾是以一個投資者的角色出現的，而在投資領域，這個數字其實卻並不算多，因此，好的投資項目提爾根本沒有資格染指。而且，這一百萬美元是提爾的全部身家，他不能有任何的閃失。

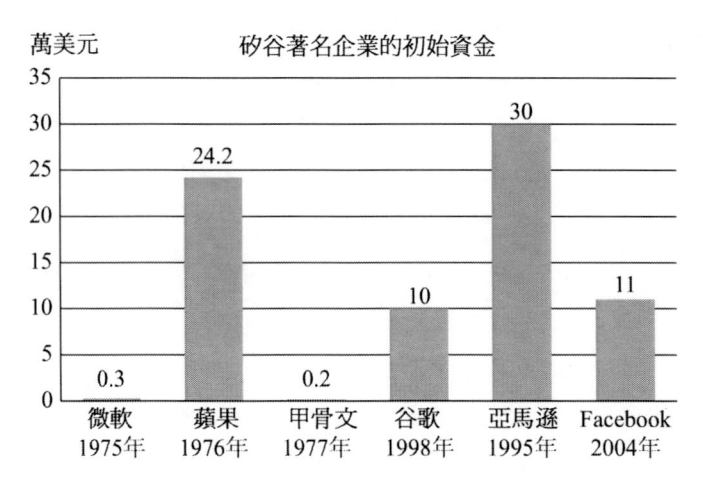

萬美元　　矽谷著名企業的初始資金

企業	初始資金（萬美元）
微軟 1975年	0.3
蘋果 1976年	24.2
甲骨文 1977年	0.2
谷歌 1998年	10
亞馬遜 1995年	30
Facebook 2004年	11

圖2-2　矽谷著名企業創始資金

矽谷是一個比拚創意和科技的世界，矽谷創業企業在初創時資金一般都不會很充足，相對於微軟創立時的三千美元，蘋果創立時的二十四萬美元，彼得·提爾手中的一百萬美元實際上已經算是一筆巨款了。

為了節省成本，提爾在矽谷的金融中心區租下了一間沒有窗戶的倉庫，從那裡創辦了提爾資本。一開始，提爾資本做得十分低調，因為輸不起，所以提爾沒有嘗試任何賭博性質的投資，直到他結識到一個名叫盧克·諾斯克的朋友。

盧克·諾斯克當時有一個項目是用網路媒體進行日常事務的整理，對於這個創意提爾比較看好，於是先期投入了十萬美元給盧克諾斯克。但沒有想到的是，

這個創意最終失敗，提爾的第一筆投資白費了。

因為第一次的失敗，提爾變得更加謹慎，每當遇到投資機會時，他都會不停地思考成功的可能性有多大，只要風險稍大的投資他都會選擇敬而遠之。因此，在此後的一段時間裡，提爾又陷入了沉寂當中。

如果，提爾就這樣總是謹小慎微地沉寂下去，那麼他的命運就將和很多小的創業投資公司一樣，在嘗試與失敗中銷聲匿跡。然而，正當提爾不知道未來將要去往何處的時候，命運之神向他伸出了友善的雙手，他遇到了對他人生改變最大的一次投資機會。

最大的風險就是不冒風險!坐在川普身邊的矽谷奇才:
彼得・提爾的創業故事

第三章
PayPal,給技術宅一個春天

最大的風險就是不冒風險！坐在川普身邊的矽谷奇才：
彼得‧提爾的創業故事

第一節
成功從一次偶遇開始

1998 年的一天，提爾像往常一樣無所事事，翻看著最新的報紙，為自己尋找可以投資的對象。這時，一個電話打了進來。電話是一個叫馬克斯·列夫琴（見圖 3-1）的人打來的，這個操著一口東歐腔的年輕人問他是否對一項投資感興趣，這項投資是關於一項還未出現的網路服務的。當提爾表示出自己的興趣之後，列夫琴約提爾晚上到史丹佛大學附近的一家速食店見面。

圖 3-1 馬克斯·列夫琴

很快，在約好的速食店內，提爾見到了日後的搭檔列夫琴。不過在見到對方時，他並沒有對這個一身廉價服飾的列夫琴太過重視，因為這兩年裡，像這樣的投資洽談他已經進行了太多次，這一次與之前也並沒有什麼不同，至少在當時提爾是這麼想的。

然而，當列夫琴向提爾提出了自己的創業構想之後，提爾馬上開始興奮起來。列夫琴的構想是成立一家提供密碼服務的網路企業，服務於企業和個人，為他們提供便捷的訊息安全保密服務，以防止他們在訊息上遭受損失。

聽完列夫琴的闡述，提爾立即意識到這就是自己苦苦追尋的投資機會，他也和列夫琴簡單地談了一下自己的看法，他覺得這個構想一定會有市場。

1998 年，當時的美國總統是柯林頓，在柯林頓當總統的八年時間裡，他最重要的一項經濟舉措就是大力扶持資訊產業。由於柯林頓對於資訊產業的支持，網路經歷了快速發展的十年，在這十年裡，資訊產業的迅猛發展讓大多數公司都積累了大量的訊息，這些訊息如果不加以保護是很容易出問題的。

於是，兩個人一拍即合，在這家餐廳就達成了合作的意向。

第三章　PayPal，給技術宅一個春天

故事講到這裡，有一個不合理的地方一定被很多人看出來了，在矽谷有那麼多的投資機構，列夫琴為什麼單單找到這個「名不見經傳」且幾乎沒有過投資記錄的彼得·提爾呢？

所以，故事的一開始並不是一通電話，而是一次偶遇。

彼得·提爾從史丹佛畢業之後，還經常會回到學校進行活動，這包括與青年學生的座談，參加創業者討論以及發表主題演講。

1998年的一天，提爾在史丹佛做了一場主題為「市場全球化和政治自由之間的聯繫」的演講。提爾作為一個自由主義知識分子，發表思想觀點比較「右」的演講是順理成章的事情，在當時相對「左」的史丹佛校園，提爾的「右翼」言論自然不會引發太大的關注，聽眾的反響並不十分熱烈。但在提爾演講的時候，有一個人卻表現得異於常人，他被提爾的觀點深深地觸動了，他就是列夫琴。

列夫琴為什麼要來聽彼得提爾的講座呢？因為他和提爾有一個共同的朋友，那就是提爾曾經投資過的盧克·諾瓦克。諾瓦克向列夫琴提到了提爾這個人，對於提爾，列夫琴產生了興趣，他要看一看提爾到底是個怎樣的人。

列夫琴來自於極權統治下的東歐，從小生活的環境讓他能夠近距離觀察「左派」管理國家的方式對國家乃至於個人的影響，因而，當提爾明顯受到沙卡洛夫、索忍尼辛等人影響的反集權主義論調在演講中出現時，列夫琴一下子就被吸引住了，「這不正是我一直以來苦苦思索的問題嗎？」列夫琴想。

列夫琴不但被觸動了，還在提爾那裡得到了近乎真理一樣的啟發，以至於在演講結束之後，他主動衝上去要了提爾的聯繫方式。

列夫琴不是一個社會學者，也並非史丹佛的學生，他畢業於伊利諾大學厄巴納─香檳分校，在那之後創立了一家名為「NetMeridian」的公司，主要的業務是研發自動化的行銷工具。短短一年之後，微軟便收購了他的公司，他帶著賣掉公司的錢來到了矽谷，尋找下一個創業的機會。而今天，之所以來到史丹佛聽講座完全是因為沒有事情可做。沒想到，在這裡他反而遇到了此後的生死弟兄彼得·提爾。

最大的風險就是不冒風險！坐在川普身邊的矽谷奇才：
彼得・提爾的創業故事

在聽完提爾的演講之後，列夫琴覺得諾瓦克說的沒錯，提爾會是一個和自己志同道合的人，此後他們有過幾次短暫的聯繫，但也僅僅是在電話裡討論一些社會問題，兩個人並沒有太深的接觸。

在提爾的職業生涯中，類似這樣的演講很多，他甚至還在史丹佛開設過創業課程，因此經常要面對與聽眾交流的情況。對於列夫琴，他一開始僅僅是當作一個普通聽眾來看待的，很可能討論過之後就忘記了對方的名字，直到這個至關重要的電話打來。

在矽谷待了一段時間之後，列夫琴想到了一個絕妙的創業點子，在想到這個點子之後，列夫琴下意識地就想到了彼得·提爾。如果能夠和一個與自己志同道合的人一起創業，那將是一個多麼美妙的事情！於是，列夫琴拿起電話撥通了提爾的號碼。

在列夫琴向提爾闡述了他的創業想法時，提爾心中無比興奮，他也認為這就是自己一直要找的創業項目。在接下來的幾個星期裡，提爾和列夫琴頻繁見面，不斷完善這個創業想法。

> **伊利諾大學厄巴納－香檳分校**
>
> 伊利諾大學厄巴納－香檳分校創建於1867年，是一所享有世界聲望的頂尖研究型大學。該校是美國大學「十大聯盟」創始成員，與加州大學柏克萊分校及密西根大學安娜堡分校並稱「美國公立大學三巨頭」。
>
> 該校電腦科學專業位列全美第二，商學和環境學也位列全美前茅，工程領域是該校強項，幾乎所有工程專業均在全美排名前十，該校校友和教授中有二十三位獲得諾貝爾獎，在美國公立大學中僅次於加州大學柏克萊分校，有二十五位獲得普立茲獎。
>
> 在企業界的知名人士中，除了馬克斯·列夫琴，奇異前執行長傑克·威爾許和甲骨文前執行長勞倫斯·艾利森也出自該校。

最後，兩個人決定創立一家公司，成立公司的錢從提爾的投資基金裡出，算作提爾的創業投資。一開始，提爾並不想介入太多的公司事務，但列夫琴竭力勸說提爾擔任公司的 CEO，負責公司的日常運作，而把自己設定在了技術職位上，事後證明，正是這個決定奠定了他們的成功基礎。

兩個人確定，公司的主要業務是做網路安全方面的研發，幫助用戶在掌上電腦和其他個人數位助理設備上儲存加密訊息。一開始，他們將產品的名稱確

定為「FieldLink」，它是一個科技名詞，意思是「場連接」。

分工明確了，創業安排也很快就定下來了，那麼，接下來一個重要的問題就擺在面前了，這項創意的前景到底如何呢？要知道，當時的彼得·提爾並非億萬富翁，他手頭的資金不過只有一百萬美元，如果沒有能夠確定的前景就這麼貿然地嘗試，對於提爾來說是一個明智的選擇嗎？

對於這個問題，提爾思考了良久，他無奈地發現，兩個人對這樣創業的前景考慮得可能過於樂觀了。

第二節
機會就在人看不到的地方

在多次的「午餐討論」時，提爾和列夫琴論證了加密服務的技術可行性，但兩個人直到最後才發現了一點，那就是他們對於商業可行性過於樂觀了。

不錯，數位化設備的訊息安全性問題已經引起了很多人的注意，尤其是高端商業人士和科技人士，有著對訊息安全的較高敏感度，但問題是怎樣把它商業化呢？

誰需要加密自己 PDA 設備上（見圖 3-2）的訊息？為什麼加密？即便是為了加密，要怎樣為他提供服務呢？這項服務又應該怎麼收費呢？

最大的風險就是不冒風險！坐在川普身邊的矽谷奇才：
彼得‧提爾的創業故事

> PDA是英文personal Digital Assistant的縮寫，直譯為個人數位助理。PDA是在智慧手機出現之前，科技公司為商務人士開發的一款輔助個人工作的數位工具產品。
>
> PDA的主要功能是提供記事、通訊錄、名片交換及行程安排等功能。後來，隨著科技的進步，數位錄音、收發電子郵件等功能也被加入了進來。
>
> PDA曾經一度風靡於歐美，但隨著智慧手機的出現PDA在娛樂性、方便性上都受到了巨大的挑戰，目前，PDA在工業領域還有應用，但在民用和娛樂領域，則基本全部退出了市場

圖 3-2　PDA 設備

當討論這些問題的時候，提爾忽然產生了一個念頭，這個創業的點子之前很可能有人已經想過了，但卻沒有付諸行動，原因就是它沒有辦法進行商業化，是一個技術但不是一個完整的商業模式。

是要放棄嗎？當然不是，如果這麼簡單就放棄，那他就不是彼得‧提爾了。那麼要怎麼辦呢？提爾開始思考。

提爾認為，只要是技術就一定有商業化的可能性，之所以之前沒有人嘗試成功，那一定是有什麼地方是別人沒有發現的，那麼這個地方是什麼呢？有什麼行為是可以頻繁操作，並且還一定要進行加密處理的呢？

金融業務，確切地說是金融支付業務，提爾想到了。之所以能夠想到這一點，完全有賴於提爾的金融背景，他在投資機構工作過，諳熟金融支付的規則與程式，也了解金融支付領域所存在的問題和潛在的風險。

對於金融機構來說，支付的安全是一個極大的隱患，這也就導致了金融支付業務只能在機構之間進行，而無法在人與人之間拓展。如果能夠解決這個隱患，那必將帶來金融界革新式的發展，讓金融進入個人支付時代，而解決這個隱患的機構也必將獲得巨大的回報。

提爾完整地分析了列夫琴的構想進入支付領域的可能性。

付錢和收錢，這是商業活動的基礎，因而支付是一種最普遍的商業需求，但是金融機構並沒有提供相應的服務來解決各種形式的支付需求，歸根結底是因為安全技術的問題。

在過去的數十年裡，信貸和支付網路已經構建得非常發達，幾乎每一個人都離不開信用卡和ATM，但是，這種幾十年前還覺得方便的支付方式，對於即將到來的二十一世紀訊息時代則顯得非常過時。

因為，這種「原始」的支付方式嚴重依賴基礎的金融架構，使用起來並不靈活，只有商家可以獲得許可使用必要的設備接受信用卡，而且ATM也不可能隨時隨地都有，那麼當一個人要對另一個人支付的時候，他要怎麼做呢？他還需要去銀行轉帳，在訊息時代，這種行為無疑就顯得很滑稽了。

所以彼得·提爾斷定，在未來一定會有一種技術可以代替現金支付，實現個人對個人的支付，而他則應該是提供這個技術服務的人。

提爾和列夫琴商定，可以將「場連接」定位為支付的解決方案。而將它嫁接在Palm掌上設備上，這樣掌上設備便成了一種隨身裝置，作為「場連接」的一個平台，在它上面出現了一個「數位錢包」的服務。這項發明可以讓「場連接」產品成為金融領域的法寶，實現一個用戶對另一個用戶的直接支付。

這項技術的關鍵點在於安全，也就是怎麼樣對軟體進行加密，而這不正是列夫琴最初的創業構想嗎？數位設備上的加密數據無法被黑客們盜用，這保證了絕對的安全，那麼接下來，他們要做的就是趕快將技術研發出來進行商業化。

不過，在一切開始之前，提爾和列夫琴做了最後一個重大的決定，那就是將公

Palm 掌上設備

Palm掌上設備是由美國硬體生產企業Palm公司生產的PDA設備，因為設計簡單、容易操作而一度占領極大的市場份額，該產品的簡化版單部售價為三百美元，曾經創造過一年半時間銷售超過一百萬台的硬體銷售紀錄。

隨著智慧手機的普及，Palm掌上設備也轉變思路，從主打PDA到轉而研發智慧手機。

2010年該類產品和Palm公司一同被惠普公司收購。

最大的風險就是不冒風險！坐在川普身邊的矽谷奇才：
彼得·提爾的創業故事

司的名字改變，他們覺得「場連接」這個名字不太適合金融領域，於是，他們創造了一個新的名字康菲尼迪（Confinity），這是把信心（confidence）和無窮（infinity）兩個單詞拆分後合在一起造出來的。

隨後，兩個人又進行了一次小範圍的應徵，馬克斯·列夫琴從伊利諾大學聘請了三位工程師，而彼得·提爾則找來了他的好朋友，當年在《史丹佛評論》的撰稿人肯尼·豪厄里，隨後，提爾和列夫琴又利用人脈找到了公開金鑰加密的發明者馬丁·赫爾曼和惠爾豐公司的創始人比爾·梅爾頓為公司提供技術方面的顧問支持，就這樣，康菲尼迪公司的基本框架和技術產品及主營方向就都已經具備了。

事情發展到這一步，彼得·提爾可以說已經攢住了創業成功的機遇，這個機會有一定運氣的成分，因為他與列夫琴的相識純屬偶然。但要知道，如果僅僅依靠列夫琴的技術，提爾也是不可能成功的，他成功的關鍵在於他看到了別人看不到的地方。

十年之後，已經成為享譽世界的創業投資人的提爾在公眾場合不斷地強調，創業者不要試圖去複製別人的成功，而要努力對那些別人沒有涉足過的領域去探索。因為複製別人意味著同一個機會的競爭必然十分激烈，而真正的機會往往隱藏在人們看不到的地方。

提爾成功的道路，就從他看到了別人看不到的地方開始，不過，這也還僅僅是個開始而已。接下來，提爾需要做的另一件事是找錢，雖然原始的創業投資由提爾提供，但在充斥著金錢的矽谷，提爾的一百萬美元不過是皓月微螢，想要真正讓企業成長起來，需要引入大量的外部資本。

這個時候，提爾作為一個活動家的特質就展現出來了。他說服列夫琴透過出售兩個人的個人股份來募集投資，隨後，在 1997 年的七月份，提爾舉辦了一場轟轟烈烈的新聞發布會。

在這之前，提爾已經利用人脈為新聞發布會做足了人氣，以至於在新聞發布會那天，超過一半的矽谷媒體都到場參加，他們想見一見這個劃時代的支付利器到底是個什麼東西。

為了讓發布會效果更好，提爾不但邀請了媒體，還利用自己在投資界的人脈邀請了一些創業投資機構。在發布會的時候，提爾邀請 Nokia 創業投資公司和德意志銀行的代表現場使用他們的軟體進行支付嘗試，當這兩家投資機構用提爾的軟體將三百萬美元創業投資無線支付給提爾的時候，提爾就知道，他離最終的成功又邁進了堅實的一步。

　　這次發布會和康菲尼迪公司的新服務，在當時的科技界和金融界立即迎來了如潮的關注，著名的《國際先驅論壇報》（現更名為《紐約時報國際版》）引述了一位分析師的話，預測將有數以百萬計的用戶選擇該服務，這項服務的未來必將前途無量。

第三節
招兵買馬，提爾在創業中的表現

　　轟轟烈烈的創業就從彼得提爾和列夫琴的午餐會開始了，然而很明顯的是，僅僅依靠他們兩個人並不足以完成一個創業公司所能做的所有事情，他們需要組建一個像樣的團隊。

　　列夫琴的選擇很明智，他是一個技術天才，但也僅此而已，技術是他所擅長的，所以他就應該只做自己擅長的事情，而其他的事情都交給彼得提爾來做。

　　在列夫琴從自己的母校伊利諾大學招攬來幾個技術人才之後，康菲尼迪的技術團隊就這樣組成了，其他的事情就全看彼得·提爾了。

　　作為執行長，提爾第一項任務就是找人，這他早就預料到了，那麼人從何處來呢？按照提爾的設想，公司關鍵位置上的合夥人，至少應該是自己認識的。「我不和我不熟悉的人一起創業！」十多年之後，已經是億萬富翁的提爾曾這樣對那些正在創業的年輕人說道。

最大的風險就是不冒風險！坐在川普身邊的矽谷奇才：
彼得·提爾的創業故事

找自己熟悉的人，這裡有一個好處，那就是能夠準確把握對方的優缺點，熟悉對方的做事習慣，能夠很快與對方達成工作上的默契，而不需要用長時間來磨合。

為此，提爾首先找到了自己的好朋友里德·霍夫曼（見圖 3-3）。里德·霍夫曼是提爾在史丹佛大學時的好朋友，兩個人意氣相投，有很多共同的政治觀點和社會觀點，更關鍵的是，里德·霍夫曼是一個懂得創業，同時又非常擅長與人打交道的人。

在大學的時候，里德·霍夫曼曾經拿過馬歇爾獎學金，這是一個非常著名的獎勵優秀學生的獎學金。從大學畢業之後，霍夫曼曾經先後任職於蘋果電腦、美國線上、富士通等公司，一直從事網路有關的營運工作。

圖 3-3　里德·霍夫曼

里德·霍夫曼是彼得·提爾在史丹佛大學時的朋友，也是他日後事業堅定的夥伴。

康菲尼迪和它的創始團隊

儘管彼得·提爾一直被人稱為PayPal的創始人，但其實在當時提爾和列夫琴共同創立的公司名叫康菲尼迪，PayPal只是康菲尼迪公司旗下的主打產品（服務）。

圖 3-4　康菲尼迪團隊

第三章　PayPal，給技術宅一個春天

在提爾創辦康菲尼迪（見圖 3-4）之後，他將里德·霍夫曼請來擔任公司的首席營運官，後來又提升到了高級副總裁的位置上。對於提爾來說，里德·霍夫曼就像他的左膀右臂，他有很多建設性的想法都是在與里德·霍夫曼討論之後得出的。

肯尼·豪厄里是在里德·霍夫曼之前加入的，他算是 PayPal 的初創人員，這位同樣是史丹佛大學校友的人是一個財經領域的人才。他早年幾乎與彼得·提爾形影不離，他曾經為提爾的《史丹佛評論》撰稿，還曾經在提爾的避險基金工作，現在，他又跟隨提爾一起成為 PayPal 團隊中重要的一員。

人人都知道，PayPal 早期的成功很大程度上源自於提爾尋找投資的能力，然而這當中肯尼·豪厄里的功勞卻很少有人知道。作為團隊財務的負責人，肯尼·豪厄里始終讓 PayPal 處於財務健康的狀態之下，無論是籌資還是消耗，他都能規劃得井井有條。

肯尼·豪厄里在公司財政上的表現是如此得突出，以至於在此後 eBay 收購 PayPal（其實是整體收購了擁有 PayPal 的公司 X.com）之後，PayPal 的初創團隊都分別離開 eBay，肯尼·豪厄里還被 eBay 強留了一年的時間擔任財務方面的負責人。

此外，還有兩個重要的人物被提爾納入了團隊當中，他們是戴維·薩克斯和埃里克·傑克遜。戴維·薩克斯也是提爾的好朋友，與提爾合著了《多樣性神話》這本書。

戴維·薩克斯是一個出生在南非的移民，曾經在芝加哥大學和史丹佛大學學習經濟學，他有著非常先進的經濟思想，同時特別善於捕捉經濟訊息，能夠從複雜的訊息中分析出市場的變化。

在彼得·提爾找他的時候，他正在麥肯錫公司從事諮詢顧問的工作，在接到提爾的邀請之後，他毫不猶豫地辭掉工作進入了 PayPal 團隊。戴維·薩克斯在當時的 PayPal 負責一些網路技術方面的基礎工作，但在日後 PayPal 發展的過程中，尤其是當 PayPal 和另一家公司合併之後，戴維·薩克斯在促進雙方合作上造成了重大的作用。

最大的風險就是不冒風險！坐在川普身邊的矽谷奇才：
彼得・提爾的創業故事

另一個人埃里克·傑克遜同樣畢業於史丹佛大學。在提爾找到他時，他正任職於安達信公司，用他自己的話說，當時被安達信的氛圍搞得「閒極無聊，沮喪失意」。所以，在提爾透露打算邀請他加入團隊之後，埃里克·傑克遜很高興地答應了。

在當時，埃里克·傑克遜被提爾安排到 PayPal 的市場工作上，埃里克·傑克遜用實際行動證明了他是一個市場好手，他對於用戶需求的敏感度以及如何解決行銷問題時的機智讓他在 PayPal 步步高升，在 PayPal 最混亂的時候，埃里克·傑克遜甚至曾經一個人撐起過一個市場部。

最終，埃里克·傑克遜成了一個 PayPal 的市場部負責人，並隨著 PayPal 被 eBay 收購而選擇了離開。在離開 PayPal 之後，埃里克傑克遜寫了一本名為《支付戰爭》的書，詳細地敘述了 PayPal 從無到有的過程。

招攬人才的工作快速而有效地進行著，不過有趣的是，在管理方面，提爾則顯得極為無序。

在最開始的 PayPal，員工們發現他們被安排的職位往往和他們之前的工作毫無聯繫，而有的時候，他們又必須要負擔起不屬於他們職能範圍內的工作。

一開始，員工們認為這是因為 PayPal 沒有強大的人力資源和提爾的管理能力不夠所導致的。埃里克·傑克遜就曾經這樣回憶說：

「令人不安的入職經歷（入職第一天居然沒有人搭理埃里克·傑克遜），和第一天上班看到的公司的無序狀態，讓我覺得康菲尼迪完全不是一家有組織有體系的公司。作為一家初創企業，沒有足夠的資源投入人力資源和 IT 部門是可以理解的，但即便如此，這種明顯的混亂狀態還是讓我覺得十分不舒服。雖然我極力制止自己產生這種想法，但一個上午過後，我還是禁不住地想，自己對彼得·提爾是不是過於盲目信任了，以及自己急功近利想快點賺錢的想法，是不是導致自己犯下了一個不可饒恕的錯誤。

我掃視四周，發現辦公室內部的布置一點兒都不像正常的公司。在安達信，諮詢顧問們的小隔間都面對著經理的玻璃牆辦公室。但這裡，看起來更像是一間宿舍，有棋盤遊戲，棋子就散落在地板上。工程師們會把吃過的達美樂披薩

的盒子堆在他們的辦公桌上,員工們都穿著短褲和 T 恤上班,走廊裡甚至偶爾會爆發水槍戰。在馬克斯·列夫琴的辦公室入口旁有一個坐墊已經下陷的破爛沙發,他與其他兩個程式設計師共用那間辦公室。在這種環境裡,除了產生混亂,還能產生什麼呢?⋯⋯」

然而事實證明,員工們想錯了,提爾這樣做是有意為之,這是一種開放式的管理模式,即給所有人開放式的工作環境,每個人都能夠參與到每件事的決策中來,這樣能夠保證全公司範圍內的群策群力。

當然,為了不至於讓公司內部發生混亂,提爾還是給每個人規定了他應有的職責,所以,看似混亂的背後,實際上是一種人人參與的工作模式,讓每個人在做好他本職工作的同時還能帶給他人智力上的支援。

事後證明,提爾在創業初期的這個有意為之是非常明智的,它不但締造了 PayPal 的成長神話,更成為了一種獨特的企業文化,這種企業文化的生命力是如此得頑強,以至於當 PayPal 的團隊解體之後,它仍然被這個團隊的成員們帶去了其他的企業中。

第四節
PayPal,全世界的支付工具

「用 PayPal 傳送你的錢!」1997 年的一天,當時還在安達信公司擔任高級職員的埃里克·傑克遜收到了這樣一封電子郵件,這封郵件來自於他在史丹佛大學時期認識的好友,已經加入 PayPal 的肯尼·豪厄里。

埃里克·傑克遜一開始認為它是一封垃圾郵件,但看到發件人是自己的好朋友,還是決定打開來看看。

郵件很簡單,僅有寥寥幾行字,它寫道:肯尼·豪厄里剛剛轉給你一筆錢!現在你的 PayPal 帳戶裡有一美元在等著你。今天就來訪問 www.paypal.

最大的風險就是不冒風險！坐在川普身邊的矽谷奇才：
彼得・提爾的創業故事

com，設置你的 PayPal 帳戶！

　　PayPal 是什麼呢？埃里克·傑克遜疑惑地想。在這之前，他知道肯尼·豪厄里被他的另一個朋友彼得·提爾延攬進入了一個創業公司，但在埃里克·傑克遜的記憶中，那家名叫康菲尼迪的公司是為 Palm 掌上電腦做軟體的，那麼這個 PayPal 到底是做什麼的呢？

　　PayPal 是康菲尼迪剛剛開發的一項業務的名稱，它具體的內容應該是個人金融支付中間服務系統，那麼，彼得·提爾和他的團隊為什麼要開發 PayPal 呢？

　　在最開始的創業論證時期，提爾和列夫琴都將目光投到了 Palm 掌上電腦上，原因是它小巧靈便，便於攜帶，價格也並不昂貴，大多數人都可以擁有。因此，他們想到最簡單的方法就是為 Palm 掌上電腦開發一款支付軟體，進而解決服務承載平台的問題。

　　但真的到了運作的時候，提爾發現一個問題。如果僅僅是將業務嫁接在 Palm 掌上電腦上，那無疑等於給自己綁上了一個枷鎖，是只服務於 Palm 的用戶，還是用戶在支付之前還必須要去買一台 Palm 掌上電腦呢？讓自己的服務，為別人做嫁衣裳，這無疑是一個十分愚蠢的選擇。彼得·提爾可不會這麼愚蠢。

　　提爾要做的，是擁有自己的服務系統，而不是把它釘死在一個硬體產品上面，提爾要把主動權掌握自己的手裡，而不要讓別人捏著自己的命脈。

　　讀者如果理解不了這個問題，我們可以換個角度思考一下。這就像是，某一款遊戲 APP 的開發者，只開發了針對蘋果手機 iOS 系統的 APP，那麼也就只有蘋果手機的用戶能夠使用這款 APP，無形之中就等於是把自己的客戶限定在了一個範圍之內。

　　更關鍵的是，蘋果手機完全握有這個 APP 的命運，只要蘋果公司不高興，它完全可以在 iOS 系統裡禁止這款 APP，那麼這款 APP 就只能在用戶面前銷聲匿跡了。

　　為了不讓自己陷入這種被動的處境中去，提爾領導康菲尼迪團隊開了很多次會議，最終大家決定，自己開發一個系統，這個系統可以應用到 Palm 掌上

電腦上，但也可以應用到其他硬體設備上，而且在網路上也要建設一個網站和服務系統，來滿足網上用戶的需求。經過一段時間的設計，這款應用終於誕生了，它就是PayPal。

當埃里克·傑克遜打開PayPal網站的時候，他看到網站上寫著這樣的話：任何人只要擁有一個E-mail地址和一張信用卡，就可以立即開通一個線上的金融帳戶。

而PayPal的運作模式是這樣的，它以E-mail地址為核心，將一個E-mail作為一個人的唯一標識。這就意味著，當一個用戶要想付款給另一個用戶的時候，他只要知道對方的E-mail地址就可以了。

對照著對方的E-mail，使用者輸入自己想要支付的金額，在確認之後，PayPal便會從支付者的帳戶上劃走一定數量的金錢，然後再打入對方的PayPal帳戶當中。在支付成功之後，收款人能以支票方式支取這筆錢，他可以向銀行帳戶進行電子轉帳，也可以將帳戶裡的錢支付給其他人。

PayPal就像是一個電子錢包，用戶可以用來隨意儲存、支付，而對於日益發達的網路世界來說，這一款電子錢包真可謂是來得正是時候。

因為PayPal的出現，提爾將他的目標客戶從全美三四百萬的Palm掌上電腦使用者擴展到了全世界幾乎所有的網路用戶，這樣一來，提爾就沒有必要藉助掌上電腦的順風，而是將公司的命運與網路的發展、個人電腦的普及聯繫在一起。

提爾的這個改變策略做得十分出色，它直接導致了兩年後PayPal客戶井噴式的發展。而在設計上，列夫琴和他的設計團隊也盡量做到盡善盡美。

PayPal在介紹上非常簡單易懂，可操作性非常高，一個完全不懂的人也可以用幾個小時把它完全弄懂。

在推廣上，提爾做得更是出色，他一直在宣傳產品的免費屬性，並用獎勵金的方式，鼓勵人們使用這款電子錢包。每個新註冊用戶送上十美元的獎金，這筆小錢讓很多無聊的人願意用幾個小時嘗試一下這款新的服務。而一旦人們開始嘗試，提爾的目的也就達到了，隨後的一段時間裡，PayPal的用戶以每天

最大的風險就是不冒風險！坐在川普身邊的矽谷奇才：
彼得‧提爾的創業故事

接近百人的速度增長著，提爾在短短幾個月的時間裡，就完成了創業的積累工作，現在等待他的就是從量變到質變了。

事情發展到這裡，相信大多數讀者已經看明白了，提爾實際上就是把原有的服務軟體變成了一個全球性的支付工具。

首先，都是無差別的面向社會大眾。如果支付服務只對某一類特定人群開放，那麼其發展空間就會越來越小，因而必須能夠服務於大多數人，讓無論是富翁們的商業交易，還是街邊攤販的找零都可以使用。

其次，都是在安全上面下功夫。支付服務的便捷性是一方面，但如果不能夠保證安全，公眾是很難放心將錢託付給它的。所以，在技術層面上保證絕對的安全，讓用戶像使用自己的錢包一樣使用電子錢包，這是PayPal的初衷，也是使命。

最後，免費模式。康菲尼迪解釋說，他們並不會利用用戶來收取手續費，而是將利潤鎖定在用戶保存在PayPal帳戶中的資金池，這筆資金如果足夠大，那麼是完全可以用它來賺取利息的。將這些錢放在流動性強、風險性低的金融機構中，康菲尼迪可以獲得利息，同時保持資金的流動性，讓客戶可以隨時使用這些錢。

看過這三點，我們有理由相信，成功者總是具有同樣的遠見的。而PayPal作為誕生在二十世紀末的「全世界的支付工具」，已經走在了野蠻生長的道路上。

互動設計

PayPal初版的強大可操作性在於彼得‧提爾和他的團隊在互動設計方面下了十足的功夫。

互動設計是現代工業設計裡面重要的組成部分，它最有價值的體現就是讓用戶能夠在短時間內獲得最有價值的訊息，如一個購物網頁的支付流程，一個電子產品的操作界面等等，最好的互動設計是在用戶不需要任何輔助的情況下，仍然能夠實現對產品或服務最基礎的操作。

第四章
與風險共舞，
PayPal 的成功不止是運氣

最大的風險就是不冒風險！坐在川普身邊的矽谷奇才：
彼得・提爾的創業故事

第一節
野蠻生長的企業，必然是遍體鱗傷

在成功推出 PayPal 之後，彼得・提爾的生活一下子陷入了無比忙碌的節奏當中。PayPal 的前景是如此的好，以至於提爾都聽到了成功的聲音。

為了適應規模的擴大，提爾不斷招兵買馬、擴建隊伍，與此同時，創業投資也接踵而至，資本市場意識到 PayPal 是一塊正在成長起來的大蛋糕，每個人都想過來分自己的那一塊。

在一次內部會議上，提爾這樣說道：「我們的股票得到了資本市場超額的認購，幾乎每個人都想要投資到我們公司！為什麼不呢？我們做的是大項目。PayPal 的需求非常巨大，世界上每個人都需要錢──他們要得到報酬、要貿易、要生活。紙幣是一種古老的技術，支付不便，你可能碰巧手頭拮据，可能把它們磨破了，也可能丟失或被人偷走。在二十一世紀，人們需要一種更方便、更安全的貨幣形式，只要有一台掌上電腦或是網路連接，就可以從任何地方獲取。」

提爾的自信是有道理的，他曾經短暫涉足過金融市場，了解金融市場一旦被改變能夠產生出多大的財富來。

「當然，對於美國用戶，我們稱為『方便』的東西，對發展中國家的人來說就是革命性的。許多國家的貨幣政策朝三暮四，就像俄羅斯和幾個東南亞國家，它們有時讓通貨緊縮，有時又讓貨幣貶值，利用這些手段把財富從百姓那裡搶走。那裡的大多數百姓，永遠沒有機會開設離岸帳戶，或是把手中的貨幣換成像美元這樣穩定的貨幣。」

「最終，PayPal 將改變這一點。未來，隨著我們把服務拓展到美國以外，並且隨著網路普及率的不斷提高，處在所有經濟階層的人都能享用 PayPal 將讓全世界人民擁有對自己國家貨幣前所未有的、更直接的控制力。這樣一來，

第四章 與風險共舞，PayPal 的成功不止是運氣

腐敗的政府幾乎不可能再利用舊的手段，從人民那裡竊取財富，因為如果它們試圖這樣做，人們就能把手頭的貨幣換成美元、英鎊或日元，拋棄不值錢的本地貨幣，換成更安全的貨幣。」

這個時候，提爾面對著的是廣闊的需求市場，那裡等待著他去征服，他沒有辦法不意氣風發，也正是在此時，提爾將 PayPal 的目標定位為「支付領域的微軟」。

然而，任何創業都不會一帆風順，正當提爾為 PayPal 的發展勢頭而欣喜的時候，迎面而來的便是第一個挫折。

在當時，提爾面臨的一個重要的問題是，用何種方式來宣傳 PayPal。PayPal 的成長速度並不算慢，但對於一家資本充足的初創企業而言，每天近千個用戶的增長數量還是太少了。

提爾現在畢竟已經不缺錢了，如果能夠讓 PayPal 盡快步入快車道，為什麼不呢？為此，他和行銷團隊制訂了一個計畫，那就是聘請好萊塢明星詹姆斯·督漢作為公司的形象代言人。

詹姆斯·督漢是《星艦迷航記》系列電影中斯科蒂的扮演者，在當時的美國廣受大眾熟知，而《星艦迷航記》又是一部帶有濃重未來色彩的科幻電影，對於 PayPal 這樣面向未來的科技產品再合適不過了。

因此，對於這次行銷活動，提爾是沒有理由懷疑其能否成功的，更不用說就在不久之前，一家網路公司就曾經用《星艦迷航記》中的名人做代言取得了極大的成功。

短短幾天的時間，提爾就敲定了與詹姆斯·督漢的合作，雙方在簽約之後，PayPal 行銷團

《星艦迷航記》

《星艦迷航記》是由美國派拉蒙公司製作的科幻系列影視作品，由六部電視劇、一部動畫和十三部電影組成。

該系列最初由編劇金·羅登貝瑞於一九六年代提出，經過近五十年的不斷發展而逐步完善，成為全世界最著名的科幻影視系列之一。

《星艦迷航記》描述了一個樂觀的未來世界，人類和眾多外星種族一起戰勝疾病、種族差異、貧窮、偏執與戰爭，建立起一個星際聯邦。隨後一代又一代的艦長們又把目光投向更遙遠的宇宙，探索銀河系，尋找新的世界、發現新的文明，勇敢地前往前人未至之地。

作為科幻作品的愛好者，彼得·提爾是《星艦迷航記》的忠實愛好者。

最大的風險就是不冒風險！坐在川普身邊的矽谷奇才：
彼得·提爾的創業故事

隊就開始策劃行銷方案。

行銷團隊認為不能讓督漢為 PayPal 拍攝電視廣告，一方面，廣告費用昂貴，提爾手頭雖然有錢，但應該把錢花到性價比更高的領域中去；另一方面，電視廣告語與 PayPal 的宣傳角度並不契合。

對於行銷團隊的意見，提爾表示認同，他和其他高管基本上也不相信電視能給公司帶來新的用戶，他們堅持認為，許多網路公司所做的電視廣告普遍價格昂貴，受眾指向性很弱，性價比實在是太低了。

最終，行銷團隊選擇讓詹姆斯·督漢來主持有關 PayPal 成長的媒體宣傳活動。「斯科蒂」船長在 PayPal 的網站和發給用戶的電子郵件中借用其經典台詞「把我傳上飛船」來向潛在客戶介紹 PayPal 頗富未來意味的服務——「把鈔票傳給我」。

這個創意獲得了公司上下一致的認可，提爾也對此讚譽有加，但令所有人沒想到的是，當大家都等待這個廣告將 PayPal 的知名度提升一個台階時，它卻以失敗告終了。

為了讓詹姆斯·督漢的主持能夠帶來爆炸性的效果，行銷團隊想出了一個非常有趣的創意：

他們計畫讓詹姆斯·督漢在即將舉行的新聞發布會上，使用 PayPal 應用程式向從網路上隨機選取接收者發一百萬美元現金，如此大的手筆將透過媒體傳遞給全美的用戶。那麼，在接下來的一段時間裡，全美範圍內的眾多網友都必然會熱烈企盼這筆巨款，為了得到這個，他們必然要先註冊 PayPal 帳戶。

活動當天在舊金山著名的豪華酒店巨星，雖然之前已經跟媒體打過招呼了，但不知道為什麼，當天到來的媒體寥寥無幾，對於行銷團隊所想出來的噱頭，也幾乎沒有人關心。至於詹姆斯·督漢，他雖然已經很賣力地想要做好他的工作，但作為一個年齡很大的老人，他實在掌握不好 PayPal 大量具有未來色彩的詞彙，在現場，他都沒有辦法很好地向媒體介紹 PayPal 的服務。因此，發布會舉辦得非常失敗。

這場耗資巨大的發布會失敗了，它讓提爾感覺到了創業道路上的第一次冷

第四章 與風險共舞，PayPal 的成功不止是運氣

遇，然而緊接著到來的便是第二次挫折。

「dotBank 這傢伙是什麼？」在這次發布會幾個星期之後的一天，提爾看著螢幕上出現一個藍色網頁時憤怒地問道。

這個名為 dotBank 的服務體系，幾乎和 PayPal 一模一樣，從服務流程到行銷手段，就連推薦用戶獲得獎勵的做法也和 PayPal 一樣。

提爾猛然間意識到，競爭者到來了。從本質上，PayPal 並不是一個多麼難的技術，因而，在意識到它可能帶來突破性的成功之後，自然會有競爭者想要模仿。

如果不幹掉這些模仿者，PayPal 很可能就會被後來者超越，這是提爾絕對不允許發生的事情。很快，他便冷靜了下來，隨後召集公司的創始團隊開會尋找對策。

在進行了很久的研究之後，提爾驚奇地發現，dotBank 的服務體系還有很多值得學習和借鑑的地方。於是，他一邊部署與 dotBank 競爭的策略，一邊又要求技術團隊參考 dotBank 的流程，對 PayPal 進行優化。

不過，正當提爾聚精會神地應對來自於 dotBank 的挑戰時，另一個挑戰者不知從哪裡冒了出來，這個挑戰正名為 X.com。

如果說，dotBank 只是讓彼得·提爾提高警惕的話，那麼 X.com 的出現則是讓提爾陷入了長久的憤怒之中，因為就在康菲尼迪搬到現在的辦公地點之前，它和 X.com 曾經在同一棟大樓裡辦公，它們曾經是鄰居。

今天是 dotBank 和 X.com，誰知道明天又會冒出哪些競爭者來，如果不盡快確立優勢，增加進入市場的難度，PayPal 很快就會喪失自己的優勢。

為此，提爾只能催促創業團隊拚命工作，讓 PayPal 以成長速度來換取自身的強大，直到強大到沒有人可以撼動。

提爾為此變成了一個加班狂人，他要求工程師們加班加點工作，學習 dotBank 和 X.com 的優秀設計，並要求市場部盡一切努力吸引用戶。

有一天，提爾找到市場部高管問道：「我們現在每吸引一個用戶大概需要花費多少錢？」

最大的風險就是不冒風險！坐在川普身邊的矽谷奇才：
彼得·提爾的創業故事

「二十美元，這個數字在未來會下降！」市場部高管回答說。

「很好，那麼你估計你需要多久才能花掉一百萬美元呢？兩週之內怎樣？」提爾焦急地問道。

從這簡單的對話中，我們能夠看到提爾對於 PayPal 發展速度的不滿和急切。而就在這個時候，一條路擺到了提爾的面前，正是這一條路創造了 PayPal 的輝煌，但也為提爾離開 PayPal 埋下了伏筆。

第二節
與 eBay 糾葛的開始

在 1997 年的最後一天，PayPal 的對外聯繫郵箱裡面收到了這樣一封信，這封信來自於一個用戶，他來徵求使用 PayPal 標識的許可。這個用戶是一個 eBay 賣家，他想要在 eBay 的一個拍賣頁面上創建一個 PayPal 的橫幅廣告，在自己的拍賣中展示。這個橫幅廣告上面有 PayPal 的標識，還添加了 PayPal 網站的連結。很明顯，這位賣家覺得，在他拍賣的物品清單中添加這個自製的標題，會給他帶來極大的便利。

這封郵件立即引起了包括彼得·提爾在內的大部分高管的注意。eBay 的用戶在使用 PayPal，對於這種趨勢，PayPal 能做些什麼呢？

在一次會議上，公司副總裁盧克諾塞克曾經提出一個問題，諾塞克說：「我們的模式需要 PayPal 依賴一種病毒式的傳播方式——在人們彼此付款時如病毒般從一個人傳播到另一個人，但是這很棘手，因為人們分布得很分散。」

如何讓 PayPal 像病毒一樣擴散出去呢？最好的方式就是嫁接在一個能夠擴散的載體上。如果，在一個市場裡，所有進出買賣的人群的支付工具都是 PayPal 的話，那麼毫無疑問 PayPal 就會隨著這個市場的擴張而被更多人接受。

到哪裡去找這樣一個市場呢？提爾一直在思考，而現在，這個市場就擺在

第四章　與風險共舞，PayPal的成功不止是運氣

所有人的面前，它就是 eBay。

　　eBay 成立於 1995 年，到 1999 年時不過才剛剛成立了四年，但此時它已經擁有一千萬註冊用戶了，而且這個數字還在不斷地上升。這個數字背後，則是巨大的交易量，eBay 每天有超過三百萬個拍賣品被展出，成交量高得令人震驚。網上拍賣接近四十五億美元的市場份額中，eBay 一家就占了 70%。如此大規模的人群，不正是 PayPal 想要尋找的市場嗎？（見圖 4-1）

強大的eBay版圖

2.4億用戶

作為當時世界上發展最成熟、規模最大的電子商務平台，eBay在用戶數量、覆蓋國家上有極大的優勢，這種優勢是讓提爾和他的創業團隊選擇以eBay作為業務突破口的主要原因，因為一旦在eBay上站穩腳跟，形成用戶慣性，PayPal就能夠藉著eBay強大的交易量迅速擴展開來，占領支付市場。

圖 4-1　eBay 全球版圖

　　最先看中 eBay 價值的依然是盧克·諾塞克。他在一次公司會議上大力鼓吹 eBay 的實力。

　　盧克·諾塞克說：「這是網路上人與人交流最頻繁的地方，上網的人們都使用這個網站，所以，如果我們想要 PayPal 快速發展並占據整個網路，那麼最快的方式就是從 eBay 入手！

　　既然 dotBank 和 X.com 正與我們競爭，那麼我們需要找到最快的方式來擴大 PayPal 的用戶群。如果我們趕在競爭對手之前將用戶數量增加到足夠多，

最大的風險就是不冒風險！坐在川普身邊的矽谷奇才：
彼得・提爾的創業故事

那麼其產生的巨大網路效應將使所有對手出局，因為如果 PayPal 這種支付服務已經無處不在，那麼潛在用戶就不會浪費時間再去不同的服務商那裡註冊多個帳戶。但是，如果我們失敗，其他服務公司下手比我們快，那麼我們很可能就再也追不上了。

在未來的日子裡，我們所有的工作重心就是 eBay。在行銷方面，我們所有的直郵客戶都應該是網上拍賣的用戶。另外，由於我們無法在 eBay 的網站上直接打廣告，所以就要在 eBay 用戶出現的其他地方，放上我們的橫幅廣告以及雜誌廣告。」

對於盧克・諾塞克的意見，彼得・提爾表示了認同。提爾認為，PayPal 當前最大的目標不是盈利，而是努力擴大用戶群，搶先占領市場份額，所以，獲得用戶要比獲得利潤要重要得多。

PayPal 不需要擔心 eBay 的用戶是否會使用 PayPal 帳戶來保存現金餘額，這些並不重要，PayPal 只需要關注 eBay 網站的發展規模以及它對於 PayPal 的使用頻率。最終，提爾決定藉助 eBay 市場，在它的基礎上建立 PayPal 的支付網路。

在這之後，康菲尼迪公司上下都動員了起來，大家把所有的工作重心全部轉移到了「攻陷」eBay 上來，這個時候，eBay 又是什麼態度呢？

eBay 的態度是沒有態度，它只安心做自己的拍賣網站，至於用戶以什麼方式來結算，這些對於 eBay 來說都不重要，只要能夠保證安全就可以了。

這樣一來對於 PayPal 就容易了，因為沒有准入的門檻，也不用擔心 eBay 在競爭中故意偏袒一方。

為了應對這場競爭 PayPal 團隊用的是多通路共同下手。

首先，提爾要求公司的設計師對網站進行改版，增加對於 eBay 的支持連結。在徹底研究了 PayPal 網站之後，設計師在主頁添加了一個「拍賣支付」的連結，就放在 PayPal 的標識下面。提爾還在網站導航中添加了一個新的拍賣標籤，以解釋使用 PayPal 支付對買家和賣家的好處。

其次，提爾希望能夠在 eBay 的商品介紹中看到 PayPal 的標籤，他要求工

第四章　與風險共舞，PayPal 的成功不止是運氣

程師們研究拍賣標識插入工具，並能夠在拍賣欄中將這些標識點開，賣家一旦使用這種工具，就可以讓買家輕易地了解到它。

與此同時，提爾的行銷團隊花大成本在 eBay 上面進行公關。既然可以點擊的標識為賣家提供了一個更有效的方式，可以促使競標成功的買家使用 PayPal 的服務，那麼他們有什麼理由來使用 PayPal 呢？

提爾決定拿出十美元的推廣費，讓賣家有意願向買家介紹和推薦 PayPal 服務。

按照提爾的設想，賣家會透過增加 PayPal 的特殊標識來訓練買家使用 PayPal；而如果買家使用了 PayPal 的服務支付，那麼他們又會反過來問賣家為什麼還沒有使用 PayPal。

eBay 的 PayPal 客戶會為提爾吸引新的用戶，從而讓 PayPal 像病毒一樣擴散開來，最終實現爆炸性的增長。

提爾的設想沒有錯，利用 eBay 確實讓 PayPal 打開了不小的局面。剛開始大約有 1% 到 2% 的拍賣者使用 PayPal，但是不久這一數字開始迅速增長，提爾將其稱為「標識份額」，到 1999 年二月時，「標識份額」平穩上升到大約 6%，就在此時，PayPal 又迎來一個里程碑，總用戶數量超過十萬人。而後，PayPal 的用戶數量依然不停增長，只用了八週時間，PayPal 的註冊帳戶已經增長了四十倍。

然而，提爾也明白，他能用的方法別人也可以用。在 PayPal 之後，X.com 跟了上來，為了與 PayPal 搶奪在 eBay 上的份額，雙方開始了燒錢模式，而後，dotBank 也加入了進來，三家開始比著燒錢。

燒錢競爭是誰也不願意看到的，不過，這也導致了「戰局」的變化，dotBank 在堅持了一段時間之後，突然從 eBay「戰場」全面撤離了，這標誌著它失去了在支付市場上競爭最大份額的可能，那麼 PayPal 的對手就只剩下 X.com 了。

不過，這也不足以讓提爾欣喜，因為 X.com 也是一個非常強大的對手，而關鍵的是，eBay 這個時候也進來干涉了。

最大的風險就是不冒風險！坐在川普身邊的矽谷奇才：
彼得·提爾的創業故事

可能是看到支付市場所蘊含的巨大潛力，抑或明白了支付服務對於網路拍賣的重要意義，eBay 開始試圖控制 PayPal 和 X.com 之間的競爭。eBay 並不是要平息競爭，而是要透過競爭來控制這兩個正在成長的支付服務企業。

看到有這種苗頭時，提爾隱隱約約感覺到了危險，但此時的他只能是無奈地攤攤手，因為，就算 eBay 想要做什麼，那也是明天應該考慮的事情，如果今天他不能夠在與 X.com 的戰爭中獲勝，那麼 PayPal 就沒有明天可談。

換句話說，此時的提爾還沒有精力去和 eBay 糾纏，此時的 PayPal 也沒有資格與 eBay 講條件，他現在最重要的對手還是 X.com。

然而，就在提爾打算集中精力與 X.com 做殊死一搏的時候，一個奇妙的事情發生了，X.com 主動找上門來講和了，而且他們想要的不僅僅是講和，還提出了一個讓提爾感到不可思議的要求。

第三節
彼得·提爾與伊隆·馬斯克

當彼得·提爾正努力準備與 X.com 拼到底的時候，他無論如何也想不到，雙方的戰爭就以一種「閃電」的方式戛然而止了。

2000 年二月的一天，提爾接到一通電話，在接到電話的一分鐘之後，他愣在了那裡，他無論如何也沒想到，這通電話是他最大的對手 X.com 打來的，X.com 的老總伊隆·馬斯克（見圖 4-2）想要和他談一談。

對於伊隆·馬斯克這個人，提爾早有耳聞。伊隆·馬斯克比提爾小七歲，是一個出生在南非

圖 4-2　伊隆·馬斯克

彼得·提爾的競爭對手、合作夥伴和朋友。兩個人一開始以對手的身分互相競爭，後來雙方將公司合併，並最終將 PayPal 做成支付領域的第一品牌。在雙雙離開 PayPal 之後，馬斯克和提爾依然保持著良好的友誼。

的新移民。伊隆·馬斯克是一個技術天才，同時也是一個商業天才，他早先創立了一家名為 Zip2 的線上地圖服務公司，當他後來把這家公司賣給康柏電腦公司的時候，他獲得了 3.07 億美元的回報。在這之後，他創立了 X.com 公司。

非常有趣的是，當時在 X.com 公司的隔壁是一家麵包房，而麵包房與提爾的康菲尼迪公司擁有共用的空間，所以從某種意義上講，這兩家仇敵當年其實是「鄰居」。兩家的員工甚至經常會在洗手間遇到，不過他們是否在一起討論過彼此公司的未來就不得而知了。

員工們怎麼做提爾不知道，但對於伊隆·馬斯克這個人，他之前是沒有過深入地交流的。這一次，對方親自找上門來是要做什麼呢？提爾隱隱地覺得不會是壞事。

在一家咖啡館裡，提爾見到了伊隆·馬斯克，在簡單的寒暄之後，伊隆·馬斯克說明了自己的意圖，不是求和，而是求合作。

PayPal 和 X.com 這樣惡性競爭下去是沒有意義的，伊隆·馬斯克對提爾說道，與其再繼續爭鬥下去兩敗俱傷，還不如彼此合作，一起做一家能完全壟斷市場的公司。

其實，對於伊隆·馬斯克的提議提爾早就想過，也在內部小範圍地討論過。提爾後來甚至想到，如果伊隆·馬斯克不提出這個意見，自己很可能也會去找他。

所以，當提爾說他要考慮一下的時候，他實際上已經打定主意與對方合作了，至於怎麼合作，那些細節是後面討論的事情，他接下來要去說服 PayPal 的董事會。

說服董事會的過程比提爾想像得還要順利，提爾在列夫琴等人面前直言了 PayPal 當下的處境，以及與 X.com 合作的好處。

提爾認為在整個支付市場上，最終可能只會存在一家公司，而這家公司要有極高的影響力和雄厚的財力，那麼，PayPal 和 X.com 誰能夠先上市，誰便可以占據競爭的主動權，從而依靠資源壓垮對手，而顯然 X.com 上市的可能性要比 PayPal 更大。

最大的風險就是不冒風險！坐在川普身邊的矽谷奇才：
彼得·提爾的創業故事

既然 X.com 可能上市為什麼還要與 PayPal 合作呢？這是因為 PayPal 在技術端的領先以及在 eBay 的份額讓 X.com 不能不有所顧慮。雙方各有優勢，又各有不足，這便促成了合作的可能性。

經過提爾的分析，最終董事會一致認可了提爾的想法，與其兩敗俱傷不如攜手並進，決定與 X.com 進行合作。

得到董事會的首肯，提爾可以與伊隆·馬斯克討論合作的細節了。提爾認為，伊隆·馬斯克在財力上要比自己雄厚得多，而 X.com 的資本

PayPal 與 X.com 合併

在科技創業領域，創業公司往往要面臨極為激烈的競爭，即便是在某個行業占得先機，依然會在成長過程遇到來自於對手的競爭，資本市場會給創業企業造就很多的對手，因此對於科技創業來說，與其說是創意的領先，不如說是資本的博弈，在這種情況下，與其拚個你死我活，相互合作反而成了一種最現實的選擇。

也確實要比 PayPal 更加強大，所以在新公司股權分配上，伊隆·馬斯克占有優勢是理所應當的，在董事會的席位上，提爾堅持要做到雙方平均，而董事長的位置則可以讓給伊隆·馬斯克。

此外，伊隆·馬斯克提出要比爾·哈里斯出任新公司的執行長，比爾·哈里斯來到 X.com 之前曾任軟體開發商 Intuit 的執行長，在矽谷和華爾街都享譽盛名，對於這個要求提爾沒有異議，而提爾的職位將是新公司的高級財務副總裁，首席技術官則是由提爾的朋友列夫琴擔任。

這樣的安排看似是很平衡的，至少在當時看來，合併後的新公司是一團平和的氣氛的。在雙方合併後的第一次會議上，執行長比爾·哈里斯、伊隆·馬斯克和提爾先後上台發表了演講，在這三個人的演講裡，不少人看到了三個人在性格方面的不同。

在演講時，比爾·哈里斯不停地描繪新公司的未來，為員工們暢想一個美好的成功藍圖，並將一些細節都和盤托出，這既給人一種自信的感覺，又讓人覺得他過於孤傲、自大。

接著第二個上台的是伊隆·馬斯克，當時的他才年僅二十八歲，是一個非常靦腆的人，幾次講話的時候都忍不住害羞地笑了。他的講話很簡潔，但也很自

我，幾乎所有的話題都圍繞著自己的 X.com 展開。

最後上台的是提爾。相對於前兩個人，提爾表現得十分輕鬆。提爾在演講中談論了一個特殊話題——康菲尼迪的員工們將獲得多少優先股，提爾說道：「我們看一下，康菲尼迪的每股股票現在都變成了 X.com 的股票，大約每股康菲尼迪的股票大約是 2.0207 股 X.com 的股票。」

新公司的高級副總裁竟然可以憑心算將除法計算到小數點後四位，這讓在場所有不了解提爾的人都驚訝無比。

這是彼得·提爾和伊隆·馬斯克第一次站在同一個舞台上，他們的身分不是對手而是合作夥伴。但恐怕他們自己也不知道，在隨後的幾年裡，他們彼此的身分還將不斷地變化，最終永遠地定格在朋友上面。

無論是性格如何，心態如何，總而言之提爾和伊隆·馬斯克是攜起手來了，雙方的員工們都發現，一切就如同兩個創業者所預料的那樣，當 PayPal 和 X.com 合併之後，雙方很快就在支付領域獲得了極大的優勢，幾乎沒有人可以撼動他們了。

現在，新公司的一切位置都有能力最強的人存在，是到了向目標衝刺的時候了。然而，任誰也沒想到，隨著 eBay 在公司前進路上設置了第一個障礙，公司很快就陷入到了一片混亂當中，正是在這片混亂中，提爾第一次離開了這家新公司。

第四節
混亂中，彼得·提爾請辭

2001 年五月的一天，新合併的 X.com 公司的所有員工都收到了一封郵件，這封郵件是來自公司的董事會成員兼高級財務副總裁彼得·提爾的。在這封郵件中，提爾這樣寫道：

最大的風險就是不冒風險！坐在川普身邊的矽谷奇才：
彼得·提爾的創業故事

「我辭去執行副總裁一職，今日生效。連續十七個月夜以繼日地工作後，我已經筋疲力盡。在此過程中，我們已經從最初的規劃階段成長為一家實施『統治世界』大業的公司……」

「我更像是個夢想家而不是管理者，所以必須調任一個團隊來管理並協調 X.com 的營運。最近一億美元的融資結束了，似乎我每天的工作也要告一段落了，現在最好把職位讓給能領導 X.com 上市的人……」

彼得·提爾辭職了！這是所有人都不敢相信的，但它真的發生了。提爾為什麼要辭職呢？是真如他所說的厭倦了辛苦的工作還是另有隱情呢？提爾會不會是在高層的權力鬥爭中失敗了呢？無數人陷入了這樣的疑惑當中。

其實，內部員工怎麼猜測提爾的辭職行為都不為過，因為當時的 X.com 公司真的是處在一個多事之秋。

在合併之後，互相祝福的香檳酒味還沒有散去，新的 X.com 公司就開始面臨第一個重大挑戰了。

2000 年三月一日，eBay 宣布推出自己的支付服務系統 Billpoint。對於 eBay 的行為，兩個公司的員工都早就有所預料，因為 eBay 收購支付服務系統 Billpoint 已經過去八個月時間了，如果 eBay 不出來做點什麼，那麼他們這筆收購不是白費了？

X.com 公司對於 eBay 的行為早有準備，大家準備好了要應對來自於 eBay 的挑戰，然而任誰也沒有想到迎面而來的竟是晴天霹靂。

eBay 居然說服了信用卡巨頭 Visa 和它們一起發展 Billpoint 業務。Visa 是位於加利福尼亞州舊金山市的一個信用支付巨頭，它的前身是美洲銀行所發行的 Bank Americard，1976 年更名為 Visa，在全世界範圍內對客戶提供支付和貨幣兌換業務。

Visa 同意在報刊和電視上為 Billpoint 做推廣，作為回報，eBay 在其網站上宣傳 Visa。除了行銷支持，eBay 和 Visa 還聯手推出優惠服務，賣家使用 Visa 信用卡或借記卡收款的話無須支付任何手續費。

Visa 是支付領域的航空母艦，eBay 拉來這樣一個夥伴與 X.com 競爭，

第四章　與風險共舞，PayPal 的成功不止是運氣

X.com 團隊的壓力就可想而知了。

隨後，eBay 又進行了一系列打擊 X.com 的活動，想方設法給 PayPal 標籤在 eBay 上的出現設置障礙。面對洶洶而來的 eBay，X.com 的行銷活動進入了極端的困境當中。

行銷業務發展不順暢，客服部分也陷入了危機當中。在之前，康菲尼迪公司的客戶服務一直是有口皆碑的，但合併成為新公司之後，X.com 的客服卻屢屢遭到用戶的詬病，究其原因就是客服人手不足。

任職於 X.com 公司的埃里克·傑克遜在他敘述 PayPal 成功的圖書中曾這樣描述當時發生在公司裡的場景：

在我第一天來康菲尼迪的時候，客服部經理可以氣定神閒地與跟客戶打三十分鐘電話解釋怎麼與我們的 Palm 軟體同步。但現在，每天都有幾千封電子郵件如洪水猛獸般湧來。雖然大部分使用 PayPal 服務的用戶都沒有提出什麼疑問，但是如果用戶在使用信用卡和銀行帳戶系統方面出現了錯誤和異常，他們肯定就有問題要問。每天我們都有近兩萬新用戶註冊，所以每天收到的諮詢郵件也很多。雖然柏本克的一家外包商也參與進來，但是 X.com 在帕羅奧圖的客服還是無力應對巨量的客戶諮詢。這使得用戶很沮喪，當他們等得不耐煩時，就會再發第二封甚至第三封郵件，這一局勢像雪球般越滾越大，到三月末時我們未回覆的客戶郵件竟高達十萬封。

公平地說，X.com 並不是唯一深受客服困境之苦的網路公司。一般創業公司的員工都不多，它們主要經營線上產品，鮮有基礎架構來應對激增的客服需求。據一家研究機構稱，平均一半的網路機構最快需要三天才能回覆客戶郵件。提供電子郵件或簡歷託管等線上服務的提供商知道用戶一般可以等幾天，如果無法及時回覆客戶的問題，那麼網路機構可能只是失去一名客戶而已，但是 PayPal 就不一樣了，因為 X.com 面對的客戶需求有些特殊。

我們發現無論是付款人還是收款人都很關注支付狀態，而且是持久地關注。這很正常，畢竟那是他們的錢啊！因而當交易狀況不明或資金未到帳時，客戶就需要我們立即答覆，當然不願意等好幾天。有些客戶喜歡自己親自處理，就

最大的風險就是不冒風險！坐在川普身邊的矽谷奇才：
彼得‧提爾的創業故事

算要從附近的州開車過來取款，他們也在所不辭——以前在康菲尼迪的辦公室裡我就親眼見識過這種情形。

如此嚴重的客戶問題，不但影響到了 X.com 的企業形象，還削弱了本來口碑良好的 PayPal 的形象，公司公關部門對此焦頭爛額卻沒有什麼太好的辦法。

此時，技術部門又來添亂。列夫琴是提爾的朋友，可以算作是他的「嫡系」，而康菲尼迪之前的技術部門又可以被看作是列夫琴的「嫡系」，他們多是來自於伊利諾大學的學生，是列夫琴的學弟們。

兩個公司合併之後，列夫琴擔任新公司的首席技術官，不可避免地會引起原來 X.com 公司技術員工的不滿。結果，用了一個半月的時間，列夫琴也沒有協調好彼此之間的工作。

在原來的康菲尼迪，提爾對於技術方面一直是比較放手的，他鼓勵員工們進行主動嘗試，而具體的負責人列夫琴在這方面也做得很好。但在 X.com，工程師們相對來說非常內向，也沒那麼有創業者的精神，這讓列夫琴很惱火。

雙方都看不上對方，這自然沒有辦法共事，所以 X.com 的技術部門又陷入了一片混亂當中。

在無比混亂當中，唯一帶來好消息的就是提爾，他執掌的財務部門在投資市場上斬獲頗多，在形勢並不十分有利的情況下，提爾居然募集到了一億美元的投資，這對於當時的 X.com 來說真是難得的好消息。

然而，唯一正常的提爾最終還是離開了公司，問題還是出在錢上。雖然他募集到了一億美元的投資，但對於當時的 X.com 公司來說，資金上仍然存在缺口。

依照提爾的想法，X.com 應該努力削減不必要的支出，用良好的財政狀況給投資者帶來信心，從而可以讓他到資本市場上繼續募集更多的資金。然而，執行長比爾·哈里斯卻不這麼想。

比爾·哈里斯認為，X.com 的財政赤字可以透過收費來完成，他要求董事會同意對使用 PayPal 的客戶收取一定的費用，這當然引起了提爾的強烈反對。

X.com 當前最需要的是鞏固業務，而收費無疑會讓用戶拋棄 X.com 而選

擇其他免費的支付服務，這等於是在給自己製造麻煩。

然而，對於提爾的意見比爾·哈里斯卻並不在意，幾次三番在董事會提出收費的要求，最終還是在提爾無比激烈地反對下才悻悻作罷，但雙方已經埋下了不可調和的矛盾。

矛盾最終的爆發是另外一件事，比爾·哈里斯從公司基金裡拿出了二點五萬美元捐給民主黨，提爾對此感到無比地憤怒。

且不說提爾是一個共和黨的堅定支持者，比爾·哈里斯的這項決定明顯是對公司的財政狀況毫不關心，既然財務都窘迫到需要向用戶收費的狀況，那麼比爾·哈里斯又有什麼理由拿出這筆錢捐給民主黨呢？提爾為此在董事會和比爾·哈里斯吵了起來。

事後的結果毫無疑問是比爾·哈里斯獲勝了，不知道董事會裡有多少人站在了提爾這一邊，但一定是很少的，否則提爾也不需要以辭職的方式離開自己的公司。

提爾走了，比爾·哈里斯笑了，但他也沒有笑到最後，因為就在短短幾天之後，伊隆·馬斯克又站出來趕走了他，並執掌了公司的所有權力。那麼，在伊隆·馬斯克掌權的情況下，提爾又將何去何從呢？

最大的風險就是不冒風險!坐在川普身邊的矽谷奇才:
彼得・提爾的創業故事

第五章
支付戰爭,PayPal 的危局與勝局

最大的風險就是不冒風險！坐在川普身邊的矽谷奇才：
彼得‧提爾的創業故事

第一節
一場由提爾領導的「政變」

在彼得‧提爾和比爾‧哈里斯兩個人發生衝突的時候，伊隆‧馬斯克的態度非常重要，但很顯然他沒有站在提爾這一邊，要不然走的就會是比爾‧哈里斯了。

然而有趣的是，就在提爾辭職一週之後的五月十一日，比爾‧哈里斯也離開了公司，而這件事的幕後推手就是伊隆‧馬斯克。

作為公司的董事長，伊隆‧馬斯克雖然並不負責具體事務，但對於公司裡存在的問題他一直洞若觀火。面對各部門分別陷入不同的混亂狀態下，伊隆‧馬斯克不可能意識不到是比爾‧哈里斯在管理上存在一定的問題。

可以這樣說，伊隆‧馬斯克早就已經對比爾‧哈里斯存在一定的不滿了，而這次與提爾的衝突，很可能是壓垮比爾‧哈里斯的最後一根稻草。

五月十一日是一個週四，在前一天晚上，伊隆‧馬斯克已經通知了董事會要在這一天下午開一次特別會議。關於這次特別會議的議程，比爾‧哈里斯已經有所察覺，因此在過去的一天時間裡，他一直在給董事會裡的其他成員打電話，試圖說服大多數董事站在自己這一邊。

在開會的時候，比爾‧哈里斯還準備了一份很長的 PPT，他一邊展示自己的 PPT 一邊開始了他的遊說，內容不過是要他繼續擔任執行長。然而在會議上，所有人都受夠了比爾‧哈里斯的開脫之詞，他沒有辦法解釋他為什麼把公司搞得如此混亂，最終，董事會同意將比爾‧哈里斯解聘。就這樣，僅僅笑了一週的比爾‧哈里斯也離開了公司。

伊隆‧馬斯克全面掌握了公司的大權，他自己出任公司的新任執行長，為了安撫公司的第二大合夥人和康菲尼迪的員工們，他把提爾找了回來，當然，沒有出任任何實際職務，而是透過董事會選舉提爾成為新一任的董事長。

其實，X.com 的混亂也不能全部歸咎於比爾‧哈里斯，任何兩家實力均等的

第五章　支付戰爭，PayPal 的危局與勝局

公司在合併之後都必然出現各種各樣的問題，作為執行長，要應對這些同時出現的問題並不容易。而且，在比爾·哈里斯的手中，新公司雖然問題不斷，但畢竟是實現了平穩的合併，磨合過程中沒有出現嚴重的反覆問題，管理層也沒有出現太大的人事裂痕，更關鍵的是，X.com 的用戶數量還在不斷地增加。

但無論如何，比爾·哈里斯的時代結束了，X.com 迎來了伊隆·馬斯克時代，然而任誰也不會想到的是，伊隆·馬斯克時代居然是這麼的短暫。

伊隆馬斯克在掌握了公司的全部大權之後，做了一件大事，這包括之前比爾·哈里斯想做而沒有做成的向用戶收費、實行支付限額以及主打 X.com 品牌，這幾件事的效果好壞參半，不能說是成功，但也談不上失敗。

然而，真正讓全公司上下覺得伊隆·馬斯克不適合掌權的是，他應對詐騙危機的態度和對 PayPal 品牌的漠視。

當時，伊隆·馬斯克為了應對新的形勢，要求技術部門推出 PayPal2.0 版本，盡量做得更加精簡一些，然而這種精簡卻讓公司陷入了詐騙危機當中。精簡後的版本給了犯罪分子可乘之機，在 2000 年年中為時四個月的一場詐騙中，X.com 公司損失了五百七十萬美元，而之後大大小小的詐騙更是絲毫不間斷。

應付詐騙，焦頭爛額的技術部門開始發起了牢騷，列夫琴惱火地向伊隆·馬斯克提出問題所在，然而得到的卻是伊隆·馬斯克稍有些不客氣的回覆，這讓列夫琴無比憤怒。

這件事還沒有解決，伊隆·馬斯克又惹出了新的麻煩，他決定消除 PayPal 作為一個品牌的影響力。

2000 年夏天的一天，X.com 公司客戶們發現該公司的網站上正慢慢抹去 PayPal 有關的內容，這是發生了什麼事情呢？原來，伊隆·馬斯克覺得 PayPal 已經成為一個沒有價值的品牌，公司應該將主要資源放到經營 X.com 品牌上去。

伊隆·馬斯克此舉立即招致了一大片的不滿聲音。且不說 PayPal 是當初康菲尼迪的主打品牌，即便是在合併之後，PayPal 的品牌識別度和好評度依然很高，甚至要高於 X.com 品牌本身，這種自己毀滅自己品牌的事情實在難以說得

最大的風險就是不冒風險！坐在川普身邊的矽谷奇才：
彼得·提爾的創業故事

上是明智的。

在這個問題上，很多原來屬於 X.com 的人也站到了伊隆·馬斯克的對立面上，支持伊隆·馬斯克的一位高管曾經這樣解釋：

伊隆·馬斯克的這一固執行為沒什麼不對，用戶們要去使用更加靈活的 X.com 品牌，如果用戶更喜歡 PayPal 這個名字，這只能說明我們應該盡快把 PayPal 廢除，否則用戶會太過迷戀。

這個邏輯無疑是沒法說服公司上下的，因此，幾個月以來積累下來的各種問題終於在這一刻爆發了，一場反對伊隆·馬斯克的「政變」正在醞釀之中。這場「政變」的中心就是幾個月之前被趕出公司的彼得·提爾，然而有趣的是，對於正在發生的一切，提爾卻毫不知情。

戴維·薩克斯是伊隆·馬斯克的好朋友，也是他在 X.com 公司最強有力的支持者，然而即便是他，現在也不站在伊隆·馬斯克這邊了。

公司負責技術的列夫琴，戴維·薩克斯和提爾的好友里德·霍夫曼一起商討對策，他們決定請提爾回來重掌公司，當他們將這個消息告訴提爾之後，提爾同意了他們的請求，但有一個條件，那就是掌握全權。

這當然是他們願意看到的，但怎樣說服伊隆·馬斯克放棄權力呢？戴維·薩克斯知道要說服伊隆·馬斯克是不可能的，那麼就只有透過一場「政變」把伊隆·馬斯克「趕下台」了。

列夫琴、戴維·薩克斯和里德·霍夫曼三個人不斷研究怎樣才能把伊隆·馬斯克「趕下台」的方案，說服董事會需要讓他們看到切實的問題。於是，他們起草了一份請願書，並開始發動員工簽名。

技術部門是受伊隆·馬斯克管理理念影響最大的部門，因此即便是 X.com 出身的工程師最終也選擇了簽字。很快，由大多數員工簽字的請願書就交到了董事會當中，此時，伊隆·馬斯克正在澳大利亞看奧運會。他聽到了風聲之後，早早結束了自己的奧運之旅，信心滿滿地回到了公司，要解決他的這些反對者。

在董事會裡，面對反對的意見和切實的問題，伊隆·馬斯克為自己做出了一定的辯解。可以說，伊隆·馬斯克在很多理念上都比較超前，在管理上也有自己

的獨到之處，公司雖然存在著問題，但他的管理也並非一無是處，因此在是否罷免伊隆·馬斯克的問題上，董事會陷入了激烈地討論當中，久久沒能達成共識。

最終，反對伊隆·馬斯克的意見還是占據了上風，董事會倒不是不再信任伊隆·馬斯克，而是大家覺得，如果讓彼得·提爾回來，公司的混亂狀態會得到緩解，甚至徹底解決。

在隨後的工作日，X.com 公司的所有員工接收到了一封來自於伊隆·馬斯克的郵件，他的說法和五個月前離職的彼得·提爾的說法如出一轍。五個月的時間，公司高層換了又換，現在，彼得·提爾經過一場他事先都不知曉的「政變」上台，那麼他的權力能夠維持多久呢？

第二節
彼得·提爾創造奇蹟

在彼得·提爾重新掌權之後，他需要改變 X.com 公司混亂的局面，而第一件要做的事就是解決財務問題。

在財務方面的赤字已經嚴重影響到了公司的正常業務，也必然會給進一步的融資造成影響，對此，提爾必須要做出點什麼來了。

提爾做的第一件事便是否定了伊隆·馬斯克的 X.com 2.0 計畫，全面收縮擴張的版圖，削減掉大量不必要的收入。與此同時，提爾還結束了銀行業務，從而減少了公司的詐騙損失和信用卡收費。

這兩件事情做過之後，公司的財務狀況明顯得到了改觀，提爾也得到了董事會的信服。此時，擁有全權的提爾終於可以開始自己對公司未來的規劃了。

提爾做的第二件事是，繼續樹立 PayPal 品牌。之前伊隆·馬斯克弱化 PayPal 品牌影響力的行為招致了公司上下的不滿，也給 X.com 的企業形象造成了極大的問題。

最大的風險就是不冒風險！坐在川普身邊的矽谷奇才：
彼得·提爾的創業故事

伊隆·馬斯克試圖用 X.com 品牌替代掉 PayPal，但大部分用戶在發現這個改變的時候，第一個反應都是「這個 X.com 到底是個什麼玩意兒？」

所以，提爾重塑 PayPal 品牌這件事不僅僅因為 PayPal 是他創立的，更因為這個品牌在識別度、美譽度和影響力上，確實比 X.com 要強一些。

提爾的舉措收到了良好的市場回饋。一些用戶發來郵件表示熱烈支持，在郵件裡他們這樣寫道：

之前改成 X.com 的行為實在是太傻了，因為我們總是被客戶詢問 X.com 是什麼含義，怎麼使用它，對此我們早已不勝其煩，所以一直請求重新使用 PayPal 標識，現在，你們聽到了我們的聲音，這很好！

相對於比爾·哈里斯的獨斷和伊隆·馬斯克的強勢，提爾雖然是一個「多事」的管理者，但他同時也是一個懂得授權的執行長。

在公司裡，提爾說起話來總是輕聲細語，對下屬們一向很客氣，對手下的高管更是表現得十分謙和。但與此同時，提爾又是一個非常「多事」的人，他總是一刻不停地為手下人安排工作，他的書桌上隨時擺放著各種各樣的事務便條，他會在任何時候要求手下的人彙報他們的工作情況。

不過，對於手下的具體工作，提爾卻幾乎從來不插手。他負責安排工作，監督工作，甚至過問工作細節，但從不會給下屬施加過多的影響，如果他認為某個人在某個職位上做得不夠好，他寧願替換掉這個人也不會去對他的具體工作指手畫腳。

提爾這種分權授權的管理方式是他一直的習慣，他覺得自己作為公司最高管理者，不可能去深究每一個細節，如果真的這樣做的話，那麼他便等於是把自己降格到了部門經理或技術顧問的角色。

他需要做得更多的是把權力和責任分散出去，並相信他所授權的員工，給員工充分的自由。

擁有了絕對自由的員工，對提爾這種管理方式非常欣賞，他們受夠了被人掣肘的工作狀態，現在，具體的事情由每個人具體負責，他們被壓抑已久的創造力終於可以迸發出來了。

就是在這樣的環境下，X.com 的一切都在向好的方面發展。

產品技術部門對 PayPal 做出了幾項重大的改動，這些改動奠定了 PayPal 在市場上的領導地位，其一就是增設國際帳戶。

提爾在創辦 PayPal 之初，就設想過解放貨幣這種超現實的未來，雖然他也覺得這落實起來很難，但技術部門的同事們還是讓 PayPal 向那個方向邁出了第一步。

PayPal 增設國際帳戶，為全世界三十多個國家和地區的用戶提供貨幣支付服務，這是有史以來第一次，在金融機構之外有中間組織來幫助進行國際間的支付。而且，PayPal 國際帳戶還規定，交易雙方並不一定必須用美元作為結算單位，英鎊、法郎、日元等都可以用來結算。

這一改動填補了國際市場的空缺，為 PayPal 打開了更廣闊的空間，也讓 PayPal 的影響力衝出美國金融界和科技界，衝向了全世界。

此外，產品團隊還為美國本土的用戶打造了貨幣市場服務，這項服務可以讓用戶從 PayPal 帳戶的存款中獲得一定的利息。

這個改動又是一個授權的產物，提爾絲毫沒有干預的情況下，產品團隊負責人戴維‧薩克斯領導他的團隊獨立完成了這項改動。他們希望以向用戶派發利息的方式，激勵用戶把錢存在 PayPal 帳戶中，這樣就會減少他們使用信用卡支付的比率。

這兩項改動給 X.com 帶來了難得的喜訊，更重要的是，它讓用戶重新具有了對 X.com 的信心，他們看到 PayPal 的改善，因而認為 X.com 有繼續發展的慾望，能夠持續為他們帶來更好、更高品質的服務。

在提爾的帶領下，X.com 的各項數據都在向好的方向發展。較之於 2000 年下半年，帳戶總數增加了上百萬，達到了七百二十萬個，PayPal 的日支付額也上升了 18%，超過了七百萬美元，赤字有所減少，從之前的兩千五百四十萬美元下降到一千兩百一十萬美元。

這些數據的變化，幾乎都來自於提爾放手讓各部門對原來模式的改動。比如，公司赤字的減少有一大部分來自於交易損失的減少，而交易損失的減少則

最大的風險就是不冒風險！坐在川普身邊的矽谷奇才：
彼得‧提爾的創業故事

源自於公司對於支付方式的改革。

對於這些成績，我們不能夠說提爾做出了多少具體的貢獻，但他在這當中所起的作用無疑是最重要的。

正當 X.com 向好的方向發展時，提爾又為公司立下了一份重大的功勳，他在資本市場行將崩盤的情況下，愣是憑藉自己的實力拿到了九千萬美元融資。

2000 年年初，網際網路泡沫的破滅讓美國股市陷入一片哀號當中，那斯達克綜合指數下跌的速度快得驚人，短短兩個月時間裡就下降了 30%，大批投資機構破產，大量紙面上的財富化為泡影。

斷崖式的崩潰一直持續到 2001 年，在這樣的環境下，幾乎所有人都在握緊自己的錢袋，投資機構變得異常謹慎，想要獲得投資比登天還難。但提爾絕非等閒之輩，他利用自己的人脈和口才，硬是從一片慘淡的投資市場裡「摳出」了九千萬美元投資。

我們不知道提爾是怎麼樣拿到這一大筆投資的，他從沒有透露過這當中的細節，但我們知道的是，提爾一方面開源，一方面節流，讓公司的現金一下子變得充裕起來。截止到 2001 年的三月，X.com 已經擁有了一點三億美元的結餘現金，而每日資金的消耗額也下降了三分之二。

在提爾的掌舵下，公司的財務狀況前所未有的良好，X.com 這艘大船駛得越來越平穩，現在，是到了檢驗它真正實力的時候了。X.com 的對手就橫亙在它的面前，它就是 eBay，彼得提爾看著這個當初他親自選定的合作對象和對手，他將作何選擇呢？

第三節
對抗 eBay，孤注一擲的不屈

2000 年下半年，X.com 處在一片混亂之中的時候，eBay 也在忙著它的事

第五章　支付戰爭，PayPal 的危局與勝局

情，它要應對來自於雅虎的挑戰，穩固它 C2C 市場第一的份額。到 2001 年第二季，eBay 戰勝了雅虎，而此時 X.com 也在提爾的帶領下向好的一面發展。現在，雙方都把事情處理完了，終於可以開始真刀真槍地對陣了。

提爾曾經把 eBay 當作 PayPal 最理想的發展平台，將 PayPal 嫁接到 eBay 的賣家交易當中。這個行為引發了後面的一系列連鎖反應，伊隆·馬斯克的 X.com 加入進來，最終導致了兩者的合併。

就在 PayPal 和 X.com 打得不可開交的時候，eBay 忽然意識到支付服務的美好前景，因此也加入了進來。eBay 擁有了自己的支付服務 Billpoint，並強勢介入到 PayPal 和 X.com 的爭奪戰中來，後來當二者合併之後，eBay 的 Billpoint 便將 X.com 看作是最大的假想敵。

> **C2C**
> C2C 即 Customer-to-Customer，也就是個人消費者對個人消費者的意思。C2C 電子商務模式的形式是網路企業為用戶與用戶之間提供交易平台。
> 與 C2C 相對應的電子商務模式有 B2B（企業對企業）和 B2C（企業對個人消費者）。

本來是裁判員，現在自己下場做起來運動員，eBay 的行為讓支付市場一下子變得有趣了。在 2000 年的時候，eBay 的 Billpoint 還沒有發展起來，eBay 又被雅虎纏住無暇顧及支付服務領域。但現在，一切都解決了，eBay 掉轉槍口衝 X.com 過來，這一下 X.com 的處境變得艱難了。

這就像是，原本有一家家電賣場，有人在裡面賣空調，空調賣得很好，賺了很多錢。這個時候，賣場一看你賺錢了，覺得空調有利可圖，錢不能讓你一個人賺去，於是自己開始研發空調並在市場裡賣，這樣一來你從利用賣場的資源變成了與商場競爭，誰都能夠預料到，賣場一定會找你麻煩的。

一開始，eBay 是在各種細節上找 X.com 的麻煩，透過縮小 PayPal 的標識、讓連結效果變差、規定商家做出各種各樣的改動以淡化 PayPal 的識別度，等等。這些策略造成了一定的效果，但沒能從根本上動搖 PayPal 的優勢。

可能嫌小打小鬧不過癮，eBay 最終使出了殺招，它們向賣家發布了一項通知，宣布為了讓賣家能夠收到貨款，以確定買家的積極購物體驗，賣家必須要

最大的風險就是不冒風險！坐在川普身邊的矽谷奇才：
彼得‧提爾的創業故事

做出選擇，要麼申請信用卡商家帳戶，要麼在 eBay 商店裡使用 Billpoint。

eBay 這樣做已經是赤裸裸的攻擊了，因為它完全沒有解釋為什麼 PayPal 不能滿足立即支付的要求而 Billpoint 就可以。而在 eBay 上，只有當賣家的銷售額夠高時才可以申請到信用卡商家帳戶，但大多數賣家都達不到這一點。這也即是說，eBay 在逼著他們使用 Billpoint。

eBay 的行為立即引起了 X.com 內部的恐慌，如果 eBay 一直這麼做下去，那麼 X.com 在 eBay 的未來就只能是死路一條，而一旦失去了 eBay 這個主戰場，在其他領域還沒有站穩腳跟的情況下，X.com 就很可能面臨不測的局面。

到了生死存亡的時候了，X.com 應該何去何從，提爾在思考。是與 eBay 妥協，退讓一步以換取 eBay 的首肯，還是硬著頭皮衝上去和 eBay 打個魚死網破呢？提爾選擇了後者。

他派人與 eBay 進行強勢溝通，要 eBay 解釋發布新規的理由何在，否則就要到法庭上提起訴訟，就像當年很多人訴訟微軟那樣（微軟涉嫌壟斷）。eBay 做了和微軟一樣的事情，卻沒有微軟那樣強勢，最終 eBay 妥協了，他們將 X.com 納入了支付體系當中。

這一個風波就算是過去了，但提爾也知道，eBay 不會這麼善罷甘休的，只要 X.com 還存在，eBay 就要想盡一切辦法整垮它。果不其然，短短幾週之後，eBay 又出來惹事了。

一天，X.com 行銷部人員在監控數據的時候發現了一個奇怪的現象，Billpoint 在 eBay 的陳列份額在一夜之間增加了很多，從原來的不到 25% 增加到 30%，增加了五百個基點，這個增速比之前六個月的增幅還要大。它是怎麼做到的呢？X.com 的人陷入了疑惑當中。

> **微軟壟斷案**
>
> 作為全球最發達的商業市場，美國政府為保障市場的有序發展，對於大企業對行業的壟斷一直持有極高的警惕。
>
> 微軟公司作為全世界最大的個人電腦系統生產廠商，曾經試圖將自主研發的軟體如 IE 與 Windows 系統捆綁銷售，這一行為遭到了美國司法部門的指控。最終，經過了漫長的訴訟之後，美國司法部門認定微軟的這一行為屬於違法，但後來雙方實現了庭外和解，即便如此，微軟也為自己的壟斷行為付出了高昂的代價。

第五章　支付戰爭，PayPal 的危局與勝局

　　經過短時間的調查，原因找到了。原來，eBay 擅自修改了後台程式，用戶在使用 eBay 帳戶購買商品之後，需要填寫表格訊息，而在這份電子表格上，eBay「幫助」用戶自動勾選了「使用 Billpoint 支付」。

　　這種看似為用戶著想的簡便設置，實在是在「暗度陳倉」，他讓很多用戶在無意中使用了 Billpoint 還全然不知道，這就是利用了人對於習慣性的事物不做特別篩查的習慣。

　　這項計策很快見效，短短幾天之內，使用 Billpoint 的人數就大幅度上升，很多人就這麼稀里糊塗地成了 Billpoint 的用戶。

　　對於 eBay 的行為，提爾看在眼裡，心中卻露出了一種輕蔑的笑，eBay 的行為實在是太愚蠢了。

　　對於用戶來說，自我選擇權是非常重要的，商家沒有藉口剝奪用戶的這個權利，而 eBay 此舉無疑是已經侵犯到了用戶的自我選擇權。提爾隨即要求公關部門和市場部門共同研究對策，最終兩部門想到了一個方法，向所有 eBay 的用戶發一封公開信，譴責 eBay 的惡劣行徑。

　　在公開信中，X.com 這樣寫道：「默認選擇的 Billpoint 標識可能會讓糊塗的買家使用 Billpoint 向你付款，這會傷害到你的底線。而 Billpoint 不但費用更高，而且沒有拒付退款保護，對於如何保護用戶的財產安全也沒有能妥善地保護，所以從今以後，為了防止被動使用 Billpoint，唯一的方法就是關閉 Billpoint 帳戶。」

　　X.com 的公開信立即引來了用戶們的強烈反應，很多人紛紛表達了對 eBay 的不滿，很多人申請要關閉掉 Billpoint 帳戶。

　　對於用戶們的這種反應，eBay 之前早就有所準備，就是因為怕用戶因不滿而關閉 Billpoint 帳戶，eBay 特意把註銷 Billpoint 的過程設計得極為複雜，讓很多沒有耐性的人根本沒有辦法去完成註銷。

　　eBay 有 eBay 的辦法，提爾也有他自己的辦法。提爾讓市場部想盡一切辦法找到 eBay 的主線號碼和其他一些分機號碼，然後將它們公之於眾，當公眾們被 eBay 的註銷程式搞得焦頭爛額的時候，這幾個電話便成了他們發洩的對

象。就這樣，在接下來的幾天時間裡，eBay 的電話一直處於被打爆的狀態。

媒體嗅到了兩家爭鬥中的硝煙之後，也以看熱鬧的心態發表了大量的文章，這更讓 eBay 覺得難堪，eBay 的人氣在不斷地喪失。

此後的一段時間裡，Billpoint 的陳列份額一落千丈，從最高時的 33% 左右下降到了增長之前的 25%，這對 X.com 來說是一個巨大的勝利。與此同時，在網路論壇上，eBay 用戶的不滿情緒也爆發了出來，那些原本 eBay 的忠實粉絲也紛紛站到了 X.com 這邊來，他們覺得 eBay 欺騙了他們，轉而投向了 X.com。

總的來說，此後的一段時間裡，提爾的主要精力就是放在與 eBay 的拉鋸戰當中。eBay 財大氣粗，X.com 靈活、技術好，雙方爭持不下，就這麼耗下去，未來鹿死誰手還不一定。

然而，提爾卻意識到，X.com 和 eBay 之間還是有很大的差距，且不說對方的主營業務並不在這一塊，即便是支付這一塊，當 eBay 開始全神貫注地參與競爭之後，X.com 的日子很可能就過不下去了。

那麼，接下來該怎麼辦呢？提爾思想前後決定要嘗試上市，只有用投資市場上的錢來發展自己，才能與 eBay 這個「有錢人」掰一掰手腕。

最終，在提爾的帶領下，X.com 完成了上市，但上市之後的一切，卻遠非他所能夠想到的。

第四節
出售，最終的無奈之舉

從 2000 年合併至 2001 年七月，X.com 公司的總虧損為一點三七億美元，但是在彼得·提爾掌權後，一切都不一樣了。2001 年八月，X.com 公司的財務赤字已經開始接近於零了，而在九月爆發了令全世界震驚的「九一一」事件。

第五章　支付戰爭．PayPal 的危局與勝局

令人沒有想到的是，「九一一」事件之後，PayPal 的用戶開始活躍起來，X.com 公司的收入開始增加，到第三季結束的時候，虧損只剩下一百九十萬美元，而到了第四季，X.com 公司終於實現了盈利，利潤差一點就到三百萬美元。

在哀鴻遍野的矽谷，X.com 公司居然盈利了！這是一個令外部震驚、內部振奮的消息。好消息一來就不會停下，彼得·提爾對於收入多元化的努力也開始得到回報。

在上半年公司非拍賣支付占總支付額的 30%，而第三季為 33%，第四季為 36%。博彩業的交易只占非拍賣業務的 10%，但是增速很快。

X.com 公司在 eBay 的支付額也在不斷攀升，雖然 eBay 多次採取暗招想要打擊 PayPal 服務，但是 PayPal 的交易額度還是在不斷上升。從第二季的 5.23 億美元飛漲至第三季的 6.18 億美元，再到第四季的 7.72 億美元，PayPal 支付的交易幾乎是 eBay 商品總銷售額的四分之一。

更加令人振奮的是，在 PayPal 營運二十六個月（包括在康菲尼迪的獨立事件）之後，PayPal 的總用戶量達到一千兩百八十萬，即便是 eBay 要達到這個數目也用了超過四年的時間。

與此同時，X.com 的企業形象也得到了大幅度的提升。這主要是因為客服問題得到了妥善的解決。僅僅半年之前還讓用戶們抱怨不止的客服，經過了大幅度調整之後，終於變得像一家大公司了。大多數客服電話都能夠在一分鐘之內得到接聽，大多數電子郵件都會在四十八小時之內得到答覆，大多數問題都能夠被很好地應答，大多數生氣的用戶都能夠被妥善地安撫。因為客服狀況的改善，商業評級機構將 X.com 公司的評價從「不滿意」改為了「良好」。

一切都開始走上正軌了，直到有一天，梅格·惠特曼的突然來訪打破了平靜。作為 eBay 的 CEO，梅格·惠特曼與 X.com 發生直接聯繫，可能性只有一個，他要收購 X.com 公司。

確實是這樣，有鑒於 X.com 公司強勁的勢頭，梅格·惠特曼覺得憑藉 Billpoint 與 PayPal 抗衡變得越來越困難，而且在未來，PayPal 甚至可能反過來影響到 eBay 的生存，為了及早消除隱患，梅格·惠特曼決定收購 X.com 公司，

最大的風險就是不冒風險！坐在川普身邊的矽谷奇才：
彼得・提爾的創業故事

一勞永逸地解決所有問題。

梅格·惠特曼向提爾提出了收購的計畫，包括關閉 Billpoint，讓 PayPal 成為 eBay 官方支付服務方式，並給予當前持股的股東及員工一筆回報。

面對梅格·惠特曼的收購提案，彼得·提爾不是沒有動心，身為執行長的他當然明白 X.com 當前所面臨的問題，以及 eBay 對 X.com 的威脅有多大。如果能夠被 eBay 收購，也不失為一種好的選擇，所以，提爾很慎重地向董事會提出了 eBay 的收購提案。

彼得·提爾還在猶豫，因為如果不接受，就等於是和 eBay 徹底撕破臉皮，就要應對可能到來的各種情況，包括對方的惡意收購，還要想盡辦法安撫董事會裡的創業投資代表，因為他們是最迫切想要套現的。

但如果接受收購，一方面，eBay 給出的價格並不算合理；另一方面，他還沒有來得及看一看 X.com 到底能夠有多大的潛力，如果它真的能夠成長為「金融領域的微軟」呢？那麼以一個低價出售無疑是非常愚蠢的事情。

作為最大的股東，伊隆·馬斯克表現得很坦然，他把權力完全交付到提爾的手上，讓提爾放心大膽地做決定。最終，在思考了很久之後，提爾終於做出了決定，拒絕 eBay 的收購。

當提爾做出決定的一剎那，有兩件事情注定了：第一，eBay 從此以後徹底成了死敵；第二，他要想盡一切辦法讓 X.com 公司盡快上市，否則董事會就容不下他了。

公司已經在盈利了，而且前景被很多人看好，上市並不十分困難。在焦頭爛額地處理了一大堆細枝末節的問題之後，X.com 終於在 2002 年二月十五日，情人節的第二天，在那斯達克交易所上市，股票代號為 PYPL。

> **X.com 更名為 PayPal**
>
> 　　實際上，在 2001 年中期，也就是 eBay 提出收購 X.com 時，X.com 公司高層出於種種原因已經將 X.com 公司更名為 PayPal 公司，從而突出了 PayPal 的價值。
>
> 　　不過，因為更名一事橫跨整個收購過程，所以本書為保持一致性，仍然對更名後的 PayPal 公司稱原名 X.com。

第五章 支付戰爭，PayPal 的危局與勝局

就在上市的前一天，代發機構所羅門美邦公司將 X.com 公司的股價定在每股十三美元，在此後的幾週時間裡，X.com 公司的股票表現得非常強勁，很快便攀上了二十美元的高峰，要知道，當時股市還正處於熊市當中。

上市帶來了全公司範圍內的喜悅，提爾也為此高興了一段時間，但他在心裡明白，事情才剛剛開始。果不其然，在 X.com 公司上市後不久，eBay 打上門來。

在 X.com 公司上市後的第六天，eBay 高調宣布，用四千三百五十萬美元購買下了 Billpoint 35% 的股票，成為 Billpoint 絕對的大股東。這代表著，eBay 已經打算與 X.com 公司全面開戰了。

Billpoint 和 PayPal，eBay 和 X.com 各自的武器，將進入戰場上一對一的廝殺，而這個戰場就在 eBay，這無疑給 PayPal 帶去了很多不確定性因素。就在 eBay 收購 Billpoint 股票的第二天，X.com 股價開始下跌，最多跌到了十五美元，這反映了投資市場對 X.com 的悲觀情緒。

屋漏偏逢連夜雨，這個時候監管部門又出來「搗亂」。路易斯安那州金融機構辦公室對 X.com 進行警告，以可能存在不正當行為為由，要禁止 PayPal 在該州的服務。在路易斯安那州之後，紐約州、愛荷華州相繼加入了進來，後來，連矽谷所在地的加利福尼亞州也對 X.com 進行了警告。

就在提爾焦頭爛額之際，美國銀行家協會又出來「煽風點火」，他們發表文章認為 X.com 的 PayPal 服務應該被歸為商業銀行活動裡面，要知道，一旦被認定成為商業銀行，PayPal 就要面臨更嚴格的監管，而以監管部門的保守，這無疑會扼殺掉 PayPal 的未來。

好在銀行家協會的文章並沒有被監管部門認可，但市場上對於 PayPal 未來的論調，已經顯得不那麼樂觀了。

終於，在無數個問題的重壓下，提爾實在忍不住了，他選擇了妥協。2002 年的七月八日，在經過了漫長的拉鋸戰之後，X.com 董事會終於接受了 eBay 的收購提案，eBay 以十五億美元的代價收購了 X.com，PayPal 這個彼得·提爾一手創立的品牌從此換了主人。

最大的風險就是不冒風險！坐在川普身邊的矽谷奇才：
彼得・提爾的創業故事

其實，以彼得·提爾的能力，應付上面那些問題並不是不可能，但他也知道，只要 eBay 這個對手還在，問題就會層出不窮，而 eBay 帶給 X.com 的不確定性是始終無法改變的。

所以，與其在不確定中提心吊膽地發展 X.com，倒不如給 PayPal 找一個最好的靠山，有了 eBay，PayPal 將成為支付領域的壟斷者。因此，出售可以說是最無奈，但也最明智的選擇。

就這樣，歷時四年時間，經歷了無數次的碰撞和打擊，提爾創立的 PayPal 終於還是歸屬了別人，提爾第一次創業就這樣結束了。

提爾失敗了嗎？應該說沒有，擁有的 X.com 股權已經讓他從一個小投資者變成了億萬富翁，成了享譽華爾街的創業大神。但提爾成功了嗎？他畢竟沒有看到 PayPal 在他手中成長為「支付領域的微軟」。

現在，一切都結束了，提爾需要帶著錢離開，下一步他將邁向哪裡呢？那是明天才應該考慮的問題。

第六章
轉換角色,天使投資人彼得‧提爾

最大的風險就是不冒風險！坐在川普身邊的矽谷奇才：
彼得‧提爾的創業故事

第一節
億萬富翁彼得‧提爾

2002年十月，彼得‧提爾離開了PayPal，對於提爾來說，這並不是一件容易的事情。他用了四年的時間做了一件改變世界的事情，現在，他帶著滿身的疲憊和稍顯無奈的情緒，離開了他的事業。當然，和他一起離開的還有因為出售股權而獲得的六千萬美元。

四年前，提爾的全部身家是東拼西湊募集的一百萬美元，四年之後，他把這個數字翻了六十倍，如果說有什麼是提爾最好的投資，那一定是他的頭腦和眼光。

在離開PayPal之後，提爾一開始是想休息一段時間，讓他在PayPal期間緊繃的神經鬆弛下來。不過，僅僅一週之後，提爾就開始覺得度假的生活無聊了，他已經習慣了忙碌的生活，而且，三十八歲的提爾還沒有到給自己放假的年紀，他決定再次上路。

接下來要做些什麼呢？提爾手裡擁有的是大筆的美元、科技界和投資界的人脈，缺少的是一個像PayPal那樣能夠具體操作起來的商業概念。

是要再推出一個新的概念嗎？提爾這樣問自己，在思考了幾天之後，他得出了一個否定的結論，他並不是一個創造性的商業天才，相對於創意，他更擅長於對商業機會做出判斷。

去做投資！提爾下定了決心。六年前提爾資本（Thiel Capital Management）的框架還在，他在提爾資本的框架下進行改組，成立了新的卡里姆資本公司（Clarium Capital Management），提爾個人出資一千萬美元，然後又尋找了一些合夥人，一共籌集了數億美元，現在，創業者彼得‧提爾搖身一變成為了投資者彼得‧提爾，他帶著豐厚的資本，重新殺回了商業世界。

按照彼得‧提爾對於卡里姆資本的設想，他投資的方向應該著眼於某些與經

濟走向緊密關聯的行業，提爾將自己的研究對象鎖定在匯率、大宗商品價格以及全球股市上，很快他便得出了自己的結論，能源將是一個非常有作為的領域，尤其是石油的價格，會隨著經濟形勢的蓬勃發展而不斷抬升。

按照這個構想，提爾開始大批買入石油等能源資產，並在資本市場上做空美元（即投資於美元貶值）。2003年，國際油價果然抬升，從每桶二十美元抬升至每桶三十美元，2004年，伊拉克戰爭爆發，國際油價更是抬升到每桶四十美元。不到兩年時間，卡里姆資本公司的資產就翻了兩倍，提爾在資本市場上開始嶄露頭角。

除了伊拉克戰爭之外，2004年還發生了一件大事，那就是網路泡沫的破滅。

一九九〇年代網路創業熱潮開始，投機氣氛就始終瀰漫在整個網路領域，2000年前後，泡沫已經大到了無可附加，網路因此就曾經陷入短暫的震盪當中，但到了2004年，這種泡沫又一次地出現了（見圖6-1）。

受網路泡沫嚴重影響的那斯達克股市

從那斯達克股市走勢圖可以看出，在2000年前後股市曾經有過巨大的泡沫，並在2000年發生斷崖式崩塌，從此股市陷入低迷，到2004年之後又產生了泡沫，並在2008年再次崩潰。
網路泡沫影響股市是可以被預見的，因為股市資金總是追逐最大利潤，當市場普遍認為網際網路有利可圖時，資本必然會向網際網路領域聚集，從而加劇泡沫的產生，反過來泡沫越大，市場對網際網路領域的盈利能力就越是看好，從而形成惡性循環。

圖6-1 那斯達克股指二十年走勢

彼得·提爾這樣描述當時他面臨的情況：網路熱潮雖然很流行，卻十分短暫，

最大的風險就是不冒風險！坐在川普身邊的矽谷奇才：
彼得·提爾的創業故事

沒有維持多長時間。當時，整個矽谷都充斥著一種淘金的衝動，彷彿到處是金子，所有的投資者都變成了行事草率的淘金者。

當時的矽谷，一個有趣的現象是，慶祝公司開業的派對一場接著一場，有的時候，彼得·提爾一天都能接到十幾封派對的邀請函。看著面前精美的紙片，提爾有時會無奈地感慨，這些企業有多少還能舉辦上市派對呢？

在十多年後，提爾在他寫的書中這樣回憶：「這些紙面上的百萬富翁為上千美元的宴會買單，並企圖用初創公司的股票來支付（有時甚至成功了）。大批的人放棄了原本有很好的收入的工作，去創辦新的網路公司，或者和別人一起去創業。」

在當時，提爾接觸到一個中年的創業者，他是一個年過四十歲的某大學的研究生，在一年時間裡，他進行了六次創業的嘗試，開了六家不同的公司。一般來說，四十歲的畢業生就已經讓人覺得很奇怪了，並且還在一年的時間裡做了六次創業的嘗試，這更加讓人無法想像，但是在當時網際網路泡沫的背景下，這些反而被看作是正常的。

其實，提爾看得很清楚，網路這種過熱的狀態並不會持續太久，也許很多人和提爾有同樣的看法，但整個商業世界卻已經瘋狂了。

一件非常有趣的事情是，當時最成功的公司並不是能夠獲得極大利潤的公司，而是一些在不斷虧本，但所謂的「市值」在增長的公司，這些公司讓投資人看到了有利可圖的一面，於是，它們成了資本市場的寵兒。一些公司，原本沒有什麼可取之處，但在名字後面加了一個「.com」，市值在一夜之間就翻了一倍，因為所有人都覺得，投資它是有前途的。

當整個商業世界都陷入這種可怕的非理性當中，提爾能做些什麼呢？用他自己的話說，「只要音樂還在播放，我們沒法責備那些隨音樂舞動的人。」

在網路的狂熱中，提爾沒辦法叫醒所有人，但至少他自己可以選擇做一個清醒的人。在2004年一年裡，提爾收回了大部分在網路領域的投資，並且將與網路聯繫緊密的金融、信託也看作是投資的禁區。他這種略顯保守的策略，最終讓他躲過了隨之而來的泡沫破滅。在很多投資資本都紛紛倒閉的時候，提

爾的卡里姆資本卻依然得到了穩定的增值。

2005年,提爾又壓中了美元升值。當時的布希政府發表了大量的減稅政策,努力復興美國經濟,失業率下降,社會財富增加,這使得美國經濟在震盪之後穩步上升,而在這些發生之前,提爾和他的團隊早就分析出了這一切,他們大筆投資美元資產,接著美元升值賺得了大筆的回報,到2005年年底,當年總資本額不足一億美元的卡里姆資本已經增長到了五十億美元以上,提爾真正成為了億萬富翁。

從一億美元到五十億美元,三年的時間翻了五十倍,提爾是怎麼做到這一點的呢?那就是在投資的早期,提爾有一套自己的投資法則,他稱這套法則為「逆向投資」。

第二節
曇花一現的「逆向投資」

投資大師華倫·巴菲特說過,在別人謹慎的時候大膽冒險,當別人都開始大膽的時候保持小心謹慎,這是投資市場上不變的準則。

在最一開始進行投資的時候,彼得·提爾幾乎是完全遵循了巴菲特的這條準則。他在獨立思考的前提下,始終堅持一種反常規的投資方法,也就是市場不看好什麼,他便去投資什麼,他自己將這種反常規的投資方法稱為「逆向投資」。

投資能源,看空美元,躲避網際網路泡沫,押寶美國經濟復甦,這在當時都是不按常理出牌的反常之舉,都曾經引起一時的爭議,而事後也都證明了提爾的正確。

除此之外,提爾還進行了幾項重要的投資,也都是名副其實的「逆向投資」。2006年時,日本政府債務在國際市場上不停地貶值,很多投資者都忙不

最大的風險就是不冒風險！坐在川普身邊的矽谷奇才：
彼得‧提爾的創業故事

迭地將手中的日本國債拋售出去，面對這種狀況，提爾覺得自己可能又遇到了一個可乘之機。

此後的一段時間，他跟蹤觀察日本的政府動向，蒐集一切有關於日本經濟局勢的訊息進行分析，並親自到了日本近距離觀察。最終，提爾得出了屬於自己的結論：日本經濟形勢被金融市場誤判了，日本仍有很強的經濟增長潛力，日本國債的價值被低估了。

於是，在大多數人都在拋售日本國債的時候，提爾和他的卡里姆資本開始大筆購進日本國債，在那幾年，日本國債成了卡里姆資本最重要的投資之一。

除了日本國債，提爾和他的卡里姆資本還進行了其他一些投資，比如再次加注國際石油市場，向新興市場經濟國家進行投資，等等。

這些投資基本上都讓提爾獲得了不錯的收益，到 2007 年年底，已經成立五年的卡里姆資本已經擁有了超過七十億美元的資本，這是剛剛成立時的七倍。如果沒有意外，照這樣發展下去，提爾的卡里姆資本將很可能成長為金融市場上又一個巨無霸型機構。

但是，2007 年，一場席捲全球的金融危機爆發了，而這場金融危機最開始的地方就是美國房地產市場。2006 年，美國次貸危機爆發，美國是這個星球上經濟最發達的國家，也是經濟意識最超前的國家，美國超前的經濟意識導致這裡出現了一種奇怪的現象，那就是貸款。

貸款的前提是能夠還得上，而有些人的貸款清償能力就沒有那麼強，偶爾會面臨拖欠貸款或者無法還貸的局面。這些收入並不穩定、預計清償能力不足的人，銀行就將他們定義為次級信用貸款者，簡稱次級貸款者。對於次級貸款者的借貸行為，銀行會在條件和服務上面進行相應的折扣。為了分擔風險，銀行還會將這些貸款出售給投資銀行，投資銀行再分散給其他投資機構，就這樣整個市場上就都套在一起了。

結果，當美國經濟形勢惡化，失業率上升，次級貸款面臨違約風險而房價又下跌到不足以補償貸款額度的時候，大面積的貸款違約會破壞整個金融市場的安全，進而讓每家金融企業都陷入危機當中。

第六章　轉換角色，天使投資人彼得‧提爾

作為一個聰明的投資者，提爾對於房地產市場的風險早就有所察覺，所以他並沒有試圖去蹚這一趟渾水。2006年和2007年那兩年，提爾就在一旁冷眼看著金融市場被次貸危機搞得一團糟，以前和提爾一樣叱吒風雲的私募基金、投資基金紛紛倒閉，華爾街哀鴻遍地，提爾此時所想的卻是這裡可能蘊藏著機會。

因為一直以來持有的「逆向投資」的觀念，讓提爾有一種越是有危險越是有機會的感覺，再加上之前無數次成功的經歷，讓提爾更加堅定了自己的信念，就是在這樣的情況下，提爾做出了一個錯誤的判斷，他覺得國際資本可能會抄底美國資產，這代表著美國資產價格會重新抬升，在這種情況下，提爾做了兩件事。

第一件，提爾將卡里姆資本的大部分業務都轉移到了紐約，後來他乾脆直接到紐約去辦公。第二件，提爾將手中的大部分資產全部投入了股市當中，他買進所有自己認為已經處在價格底端的股票進行抄底。

在這之後，提爾開始等待股票的上升，但他發現，股票不但沒有上升，下降的趨勢也完全沒有停止的意思。

一開始，提爾並不驚慌，他畢竟經歷過很多次投資，該承擔的風險他也有所準備。而且，投資家都明白，所謂的抄底並不是在價格最低的點買進，而是相對較低的一點，因為沒有人能恰好預判到最低的那一點。

提爾不是神仙，他知道自己沒有那種能力，所以在他看來，股票繼續向下走也是正常的，只要最終上升就可以了。但隨著上升趨勢遲遲不來，提爾開始陷入驚慌當中了，到2008年的九月，金融市場徹底崩潰，所有人都意識到，不會有外部的錢來拯救美國經濟了。

2008年全球金融危機

2008年全球金融危機又稱次貸危機，是因為美國刺激貸款市場惡性發展導致的全球金融資產或金融機構或金融市場的危機。

具體表現為全球金融資產價格大幅下跌或金融機構倒閉或瀕臨倒閉，以及多個金融市場暴跌等情況。

2008年全球金融危機造成了全球性的骨牌效應，歐洲甚至有國家因此而陷入債務泥潭破產，其影響之深遠，直到今天還沒有完全退去。

最大的風險就是不冒風險！坐在川普身邊的矽谷奇才：
彼得·提爾的創業故事

看著資產一點點的流失，提爾不再像以前那麼冷靜了，他開始反思自己的決策是不是正確，並陷入了一種混亂的自我懷疑當中。

在不斷地懷疑中，他開始一點點拋出自己的手中的投資，畢竟止血也比讓血流個不停要好。

這樣，到了 2009 年，卡里姆資本的資產價值已經縮減了一半有餘，此時，提爾判斷股票還可能會繼續跌下去，於是為了彌補損失，他轉而開始賣空股票。結果命運和他開了個天大的玩笑，美國政府扛住國內平民階層強大的壓力，開始了救市計畫。

隨著救市計畫的發表，美國國內資本價格開始上升，提爾做空的計畫又失敗了，這一來一回讓卡里姆資本損失慘重，到了 2010 年年中，卡里姆資本的市值只剩下 3.5 億美元，這筆錢還不到之前的二十分之一。

此時，提爾再也受不了紐約這座充滿投機氛圍的城市了，他把卡里姆資本的總部搬到了舊金山，開始收拾殘局。

相比於資本的喪失，讓提爾感到更加心煩的是投資人對於他的不信任。在提爾因為誤判形勢而導致公司虧損的時候，有投資人在公眾面前表示：雖然提爾總是有不錯的點子冒出來，但對於投資的時機，他把握得其實並不是那麼好，他也並不擅長處理投資的風險。

而另一位投資人說得更加過分，他說卡里姆資本的成立就像是一場個人崇拜，提爾在這個機構裡就像是教主一樣，而裡面的年輕員工對提爾的敬畏則像是一種對偶像的崇拜，他們模仿提爾的政治主張，接受提爾的價值觀和行為方式，甚至像他一樣去下西洋棋，在這種情況下，提爾完全可以按照自己的想法實現獨裁，而投資的失敗就是對他獨裁作風最大的教訓。

無論怎麼說，這次的失敗都讓提爾感到十分痛苦，曾經一度卡里姆資本能夠成為世界頂級的避險基金，而提爾也有望和詹姆斯·西蒙斯、約翰·鮑爾森一樣成為世界頂級避險基金大師。然而，隨著一場經濟危機的爆發，這一切都離他而去了。

在舊金山，提爾總結了自己的失敗，他也明白自己必須從失敗中走出來。

個人財富減少了這不假，但提爾開始對投資採取一種謹慎保守的態度，這又未嘗不是一件好事。總的來說，彼得·提爾的資本投資歷程在經歷了一次失敗之後開始步入了慢車道，不過，他的企業創業投資卻一直在快車道裡。

第三節
像佛地魔一樣神祕的投資

　　與資本投資那種略帶有「賭博」性質的投資不同，彼得·提爾在企業創業投資方面的眼光是毋庸置疑的。

　　在離開 PayPal 之後，提爾並不是只經營了卡里姆資本一家公司，與卡里姆同時，提爾還進行了一項頗為神祕的投資，這項投資每一個毛孔都透露著神祕的氣息，以至於在經營了很久之後，大多數人還都不知道有這家公司的存在，它就是 Palantir 技術公司。

　　在 J.K. 羅琳女士創作的小說《哈利波特》中，所有人都不敢稱呼大反派佛地魔的名字，轉而用一句話「You-Know-Who」（你知道的那個人）來代替。而在現實的科技領域，提爾投資經營的這家 Palantir 技術公司，就像佛地魔一樣，所有人都知道，但所有人都不想提起它。

　　2003 年的三月二十日，以美國為首的多國部隊對伊拉克進行軍事行動，這是 2001 年「九一一」之後美國進行的第二場直接戰爭。阿富汗的戰爭硝煙正濃，伊拉克戰火又起，此時美國國內的反恐形勢也非常嚴峻，在這種情況下，美國安全部門和情報部門為了預防恐怖襲擊，便開始對國內公共場所安保措施進行升級。

　　然而，升級的安保措施給美國民眾造成了很大的不便，很多人因此抨擊甚至狀告政府，安全部門和情報部門被這種事搞得焦頭爛額，無奈之下只好求助於民營企業，公開尋找能夠解決這些問題的企業參與進來。

最大的風險就是不冒風險！坐在川普身邊的矽谷奇才：
彼得・提爾的創業故事

　　此時，提爾意識到這是一個商機，他想到了 PayPal 當初用過的一個程式。為此，提爾找到了在史丹佛大學時的老同學亞歷克斯・卡普，讓他嘗試用 PayPal 識別網路欺詐的辦法，找出恐怖分子活動的網路。

　　事後，彼得・提爾在接受採訪時回憶說：「欺詐問題是我們在 PayPal 遇到的一個很大的技術挑戰。那個時候我們經常遇到這類問題，很難解決。我們有數以百萬計的『好』用戶和數千個『不好』的用戶，我們必須分清哪些是欺詐類的業務，而同時需要處理的訊息實在是太多了。我們需要把這些訊息全部過一遍，找出其中的模式。」

　　最早的時候，Paypal 採取的方法是人機協同，將一部分問題交給電腦來解決，另一部分電腦解絕不了的問題依靠人工。

　　彼得・提爾這樣說道：「還沒有一台電腦聰明到能夠指出所有的問題所在，而對於人工審核來說，需要處理的訊息又實在太多了。我們用這樣的途徑來解決 PayPal 的問題。」

　　彼得・提爾的理念為技術提供了方法基礎，經過接近一年時間的調試，技術越來越成熟，此時，提爾、卡普以及另外三個聯合創始人一起啟動了公司註冊。當時，提爾為公司想的名字是 Palantir（Palantir）。

　　Palantir 是魔幻水晶球的意思，它出自提爾摯愛的托爾金的《魔戒》，在魔戒故事中，精靈們創造出了魔幻水晶球，巫師可以透過它看到這個世界上其他地方發生的事情。而 Palantir 技術的應用之處，就是透過蒐集一切可能蒐集到的數據，對目標進行訊息篩查、判斷最終得出結論，從這個角度講，Palantir 確實就如同水晶球一樣神奇。

　　一開始，提爾的設想是與企業合作，開發 Palantir 的商業價值，比如為金融企業、銀行提供客戶分析服務。然而當時幾乎沒有企業對此感興趣，在遭到了一次又一次的拒絕之後，提爾開始思考這項技術到底有什麼用。

　　這個時候發生了一件事，提爾在一家企業遭到了拒絕之後，與談判的對象進行交流，談判對象建議提爾說，如果這項技術的初衷是從政府反恐的角度來的，那麼是不是應該讓它回歸到它開始的地方，也就是為政府服務。

第六章　轉換角色，天使投資人彼得·提爾

對於這個想法，一開始提爾是非常排斥的。一方面，作為一家創新型企業，他不想與政府部門發生瓜葛；另一方面，他覺得政府的效率太低了。

提爾這樣說道：「矽谷的標準路徑是，你先將產品賣給公司，沒有人想著先把產品賣給政府，因為政府的效率太低、太慢。」但是，在萬般無奈的情況下，提爾最終還是決定試一試，畢竟有一條路走總比完全走不通要好。

之後，提爾聯繫到了美國中央情報局（CIA）下屬的非營利投資機構（In-Q-Tel，IQT），IQT的總部為位於美國維吉尼亞州阿靈頓市，它主要是在高科技領域進行創業投資，其唯一目的是讓CIA擁有最新的訊息技術以支持美國的情報能力，毫無疑問，提爾的Palantir完全符合它的要求。

就這樣，經過短暫的接觸之後，提爾和IQT一拍即合，雙方開始了獨家合作。也就是，Palantir只給予IQT技術服務，以確保情報部門在大數據分析領域的突破。

讓提爾沒有想到的是，與IQT的合作徹底改變了Palantir的發展軌跡。在這之前，Palantir的技術分析完全基於網路訊息，其訊息來源並沒有絕對的優勢，只是在技術上領先於其他數據分析企業。

但與IQT合作，卻讓Palantir掌握了大量外部無法獲知的訊息。當時，CIA、FBI等美國國家情報機構掌握了成千上萬的資料庫，包括財務數據、DNA樣本、錄音資料、影像片段以及世界各地的實景地圖，這些數據放在那裡等於是一座座待開發的寶藏。之前，CIA、FBI缺少懂得開發這個寶藏的工程師，而Palantir這個「工程師」面對如此大的寶藏，其施展技術的空間無疑變得非常巨大。

> **美國中央情報局**
>
> 美國中央情報局是美國政府設置的對外情報機構，其主要任務是公開和祕密地收集和分析關於國外政府、公司、恐怖組織、個人、政治、文化、科技等方面的情報，協調其他國內情報機構的活動，並把這些情報報告到美國政府各個部門的工作，為美國政府作出決策提供支持。
>
> 美國中央情報局是世界最強大情報機構之一，但為了保持自身的領先地位，它始終走在情報科技的最前沿，和美國很多教育機構、私營企業都有相當程度的合作。

最大的風險就是不冒風險！坐在川普身邊的矽谷奇才：
彼得・提爾的創業故事

但另一方面，正因為涉及如此多的機密訊息，讓 Palantir 不免變得越發封閉起來，在安全性、隱蔽性上的要求，讓 Palantir 不能像其他創業企業一樣去金融市場推銷自己，甚至連新聞媒體也要盡量避免接觸。

而越是這樣，就越讓 Palantir 顯得神祕，就這樣幾年下來，Palantir 已經成了名副其實的矽谷「佛地魔」——所有人都知道它，但所有人都不能提它。

四年時間裡，Palantir 唯一的服務對象便是 CIA 旗下的 IQT，唯一的對外聯繫通道也是 IQT。然而，就是這樣一個封閉的模式，讓 Palantir 賺了很多錢，也在政府領域樹立了強大而又可靠的企業形象。

之後，透過 CIA 牽線，美國政府其他機構也開始與 Palantir 合作，FBI、DIA（國防情報局）、國防部，甚至於各地的警局，也開始逐漸成為 Palantir 的客戶。幾年的時間裡，只做政府業務的 Palantir 就已經成為大數據領域不可忽視的一股力量，此時，非政府企業因為 Palantir 的可靠性，也開始向提爾伸過橄欖枝來。

2010 年，摩根大通成為 Palantir 的首個非政府客戶，它們需要 Palantir 為其提供訊息技術，用來查找那些企圖盜取客戶帳號的網路犯罪分子。這項業務 Palantir 做得非常漂亮，透過使用 Palantir 的技術，摩根大通省下了百萬美元，而只需要支付 Palantir 不到四十萬美元的諮詢費。

在此之後，Palantir 的技術還被應用於問題房產的定價，以避免在企業擁有問題房產貸款的地方引起社會混亂。接著，美國銀行、Bridgewater Associates（橋水聯合基金）以及美國證券交易委員會也開始成為 Palantir 的客戶，有些生產廠商甚至也找到 Palantir，讓它們為自己的生產進行訊息服務。

隨著業務的擴展，Palantir 的技術不斷地疊代，解決的問題範圍也越來越廣泛。如今，政府和金融業務已經成為 Palantir 的兩大支柱。有了政府訂單作為背景，到 2017 年，Palantir 已經有超過 70% 的訂單來自於非政府客戶。

業務越做越好，資本市場也對 Palantir 產生興趣了，截至 2017 年，Palantir 得到的外部融資已經超過了十五億美元，在完成最近這一輪的融資之後，Palantir 的估值已經超過兩百億美元，成為全球估值第四高的創業公司（見

圖 6-2）。

Palantir

全美數據安全領域服務市場占有率

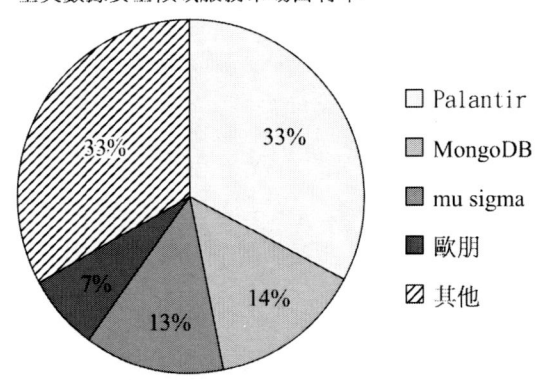

- Palantir 33%
- MongoDB 14%
- mu sigma 13%
- 歐朋 7%
- 其他 33%

Palantir發展至今，已經成為全美最大的數據安全服務商，它為美國情報部門提供服務，最值得一提的是，它為美國尋找、擊斃基地組織頭目賓・拉登也提供幫助。

圖 6-2　全美數據安全領域市場占有率

Palantir 的成功，證實了提爾在技術和創新企業投資方面的眼光，這正和他在資本投資領域的失敗互為替代，讓提爾在一個戰場上失利的同時，又在另一個戰場上獲得了豐厚的戰利品。

第四節
彼得・提爾各種古怪的投資習慣

如果說逆向投資可以被看作是彼得・提爾的一個投資風格的話，那麼他的投資習慣則完全沒有規律可循。連提爾自己都承認，他的投資習慣是古怪的、捉摸不定的，這種古怪和捉摸不定，主要源自於提爾複雜的個性和喜歡挑戰的性格。

最大的風險就是不冒風險！坐在川普身邊的矽谷奇才：
彼得・提爾的創業故事

提爾熱衷於科幻，所以，在他剛開始創建創始人基金的時候，他的想法之一就是把整個基金打造為一個科幻小說基金，這無疑是非常瘋狂的一件事情。

提爾自己說道：「我當時想的是投資最瘋狂、最不同尋常的科幻小說類型的項目，然而對外我們卻從來都不敢這麼宣傳，因為這明顯會嚇跑我們的普通合夥人，但這確實是我們內部一直想要嘗試做的事情，原因是我們都認為在資訊技術之外的領域需要更多顛覆性的創新。」

這種古怪的想法，讓提爾進行了很多在其他人看來是沒有意義的嘗試。比如，提爾對生物技術十分感興趣，他想要知道，人類未來的壽命將會有多長？人類將會以怎樣的方式繼續與疾病作戰？人類未來還將面臨哪些健康上的挑戰？

為了解答自己心中的這些疑惑，提爾開始在這些領域進行投資，這些投資項目有些獲得了成功，但有些最終也走向了無疾而終的地步。但對於這些，提爾都並不是很在乎，他覺得追逐這些投資的過程本身就是快樂的，當然，對於他的資本合夥人，他也是要負責的。

提爾對於新科技和新技術的眼光是獨到的，所以，合夥人更希望他能夠在自己擅長的領域進行投資。

為了滿足合夥人的需求，當然，也是為了讓自己獲得成功，提爾還是將較多的精力放在了新的資訊技術項目。

提爾對這些資訊技術項目的偏好是，如果能夠像科幻小說那樣是最好的，但他自己也明白，那種近乎「瘋狂」的創意很難有一個長期的商業模式和賺錢方法，所以投資要均衡開來，不能為了「瘋狂」就拚命地砸錢。

提爾說：「儘管資訊技術項目不會像科幻小說一樣徹底改變我們的生活，但是它們的確是很賺錢的項目，因為在 IT 領域，邊際成本基本為零，你能很快地占領某一個市場，同時用戶總有一定程度的黏性。當你把這三點都加起來的時候，直接就決定了你進入一個壟斷的行業。這就是我經常面對的關於平衡的問題，作為一個創業投資基金，我要為我的普通合夥人賺取最大的回報，同時作為這個國家的一分子，我想要最大程度地改善社會。」

第六章　轉換角色．天使投資人彼得·提爾

在具體的投資上面，彼得·提爾投資了支付仲介機構 Stripe 公司。Stripe 是柯林松兩兄弟創辦的一家為企業提供網上支付解決方案的公司，這兩個創始人當時只有二十幾歲，提爾看重了 Stripe 公司所在的支付領域的潛在商業價值，以及兩個創始人柯林松兄弟進行商業冒險的態度。

提爾曾這樣評價說：「對於 Stripe 來說，商業支付領域一直是一個市場空間巨大的行業，但同時也存在著異常激烈的競爭，壟斷可能發生在產品和技術上，也可能發生在通路上，當 Stripe 剛剛起步的時候，它的強項是，它可以讓設計師和工程師直接安裝這個產品，這一點跟大多數的支付公司是不一樣的，他們多數是去找某個網站的商務部談合作，所以在起初，Stripe 的主要優勢在於通路上，而現在這個階段更多的是規模複製增長階段。」

如果說投資 Stripe 是一次大膽的嘗試的話，那麼投資於 Lyft 則更像是一次冒險了。

Lyft 成立於 2012 年，是一家專注於為城市用戶提供叫車服務的網路企業，簡單來說，就是 Uber 的另一種模式。

在 Uber 一家獨大的叫車軟體市場，想要分一杯羹的企業不是沒有，但從來沒有人成功過。原因就是網路市場是一個寡占市場，贏家通吃的馬太效應讓排在第二位的企業很難對第一位的企業發起衝擊。所以在一開始的時候，幾乎沒有人看好 Lyft。

為什麼提爾敢投呢？他有自己的道理。提爾曾這樣說：「當我們投資 Lyft 的時候，我們當時的結論是，這個市場未來會分化成兩個部分：一部分是以價

> **邊際成本**
>
> 邊際成本是一個經濟學名詞，指的是每一單位新增生產的產品（或者購買的產品）帶來的總成本的增量。
>
> 邊際成本表明每一單位的產品的成本與總產品量有關。比如，蒸一個饅頭需要的水和電是固定的，增加一個饅頭，只要還是在這口鍋裡，它所增加的成本就是微不足道的，第三個饅頭也是如此……這些微不足道的成本增加，就是所謂的邊際成本。
>
> 提爾所指的邊際成本為零，意思是在 IT 領域，很多基礎性的建設已經做完了，這個時候，你進入領域進行投資，需要為投資負擔的成本是很少的，可以忽略不計。

最大的風險就是不冒風險！坐在川普身邊的矽谷奇才：
彼得‧提爾的創業故事

格主導，而另外一部分是以服務品質主導。我們認為這兩個模式都會有生存的空間，從現在來看，這還是有可能的，但是這個市場的競爭的確比我們預想的更加激烈，同時也比我們預想的更大，所以現在來看，如果市場空間足夠大，即使是競爭激烈，還是 OK 的。」

直到今天，提爾這兩項投資依然還是人們討論的談資，因為這兩家企業還處在發展當中，我們無法評價提爾投資行為的成敗與否，但至少從企業價值來看，提爾還是賺到錢了的。

目前，從提爾的投資結構來看，他兼顧到了賺錢和興趣兩個方面。賺錢方面，他投資於訊息企業、網路創新企業，興趣方面，他則將錢灑向那些能夠實現他瘋狂想法的領域。

提爾將大筆資金投入了致力延長人類生命、鑄造海洋平台、開發人工智慧、修改 DNA 序列加速進化和其他一些瘋狂想法的企業中。而最近，他的投資單裡面又多了一個令人驚訝的項目——鮮肉 3D 影印技術公司。

這家致力於鮮肉 3D 影印技術研究的公司叫做「Modern Meadow」，成立於美國密蘇里州，已經獲得了提爾基金會高達數十萬美元的投資。

這家公司聲明，它們可以透過對不同類別的特殊結構層進行特別地處理和培育，從而讓試管肉變得可食用，讓它同樣能為人體提供所需的蛋白質。

如果這項實驗成果真的能夠成功地被商業化，那對於世界飲食結構，尤其是那些受宗教限制的特殊飲食主義者來說，無疑是一個極大的福音。

「透過技術來改變世界，當然也包括飲食」，提爾這樣說道。

總的來說，古怪的投資習慣，讓提爾收穫了財富的同時，也讓他身上的光環越來越大（見表 6-1）。「世界上影響力最大的投資者」，一些媒體將這樣的頭銜用在了提爾身上，而提爾的投資習慣以及對投資企業的判斷，也成為了很多人模仿和學習的對象。

提爾曾這樣告誡投資者：「作為一個投資者，你要致力尋找那個別人沒有看到的閃光點，所以我一直會問的問題是，有什麼是我們了解而其他人都看不到的呢？如果我們無法回答這個問題的話，就好像在一個牌桌上，你會想弄清

第六章　轉換角色，天使投資人彼得·提爾

楚桌子上最笨的那個人，而如果你無法弄清楚這個問題的話，那麼極有可能最笨的人就是你自己。所以對我來說，如果無法回答這個問題，那麼極有可能這個投資本身是個糟糕的主意。

表6-1　彼得·提爾投資的企業名單（部分）

時間	公司名稱	金額／輪次	所在領域
2017	FLYR	$8M / A 輪	紅外成像設備
2016	Postmates	$140M / D 輪	網際網路快遞
2015	Kreditech Holding	€ 82.5M / C 輪	大數據服務
2014	AdRoll	$70M / C 輪	廣告服務
2013	Judicata	$5.8M / A 輪	法律
2012	MetaMed	$500k / 天使輪	醫療、健康
2012	Quora	$50M / B 輪	線上知識分享
2011	Artsy	$6M / A 輪	線上藝術品收藏
2011	Addepar	$15.84M / B 輪	金融服務
2011	CapLinked	$900k / 天使輪	投資服務
2010	Topguest	$2M / A 輪	旅行服務
2010	YouAre.TV	$1.15M / A 輪	線上影片
2010	Palantir Technologies	$90M / D 輪	資訊安全，大數據
2009	Asana	$1.2M / 天使輪	移動應用，辦公支援軟體
2008	Zynga	$10M / A 輪	社交遊戲
2007	FlickIM	$1.6M / A 輪	移動網際網路服務
2007	Geni	金額不詳 / A 輪	社交、線上家譜
2006	Powerset	$12.5M / A 輪	自然語言搜尋
2006	Facebook	$27.5M / B 輪	
2006	Badongo.com	金額不詳 / A 輪	線上服務
2004	Facebook	$500k / 天使輪	社交
2002	IronPort Systems	$16.5M / B 輪	
2001	IronPort Systems	$3.9M / A 輪	資訊安全
1999	PayPal	種子輪（創立）	網路支付

「一個我最經常被問到的問題是：技術領域的趨勢是什麼？我不覺得自己是個預言家，矽谷的確存在一些熱詞，例如：教育軟體、醫療健康領域軟體、SAAS、大數據、雲端計算，我的觀點是，如果你聽到這些詞的話，你應該第一

最大的風險就是不冒風險！坐在川普身邊的矽谷奇才：
彼得‧提爾的創業故事

點想到的是騙局，然後以最快的速度離開。原因是，這些熱詞就像是祕密的反義詞，是人人都能理解的事情。所以如果有一家公司跟你說，它們在建立一個移動網路的 SAAS 平台，讓大數據應用到雲端，我的第一理解就是，你根本沒有特別之處，只是在嚇唬人。

而相反，好的公司是絕對不會用這一連串的熱詞的。而最好的公司，我們一般是找不到最佳的詞語去描述它，或者即使有詞語去描述它們所在的行業，這些詞語也是把它們劃分在了錯誤的行業裡面，例如人們會認為 Google（Google）是搜尋引擎，而 Facebook（臉書）是社交網站，而事實上，Google 是第一個以機器為主導的搜尋引擎，這個分類在 Google 之前是不存在的，而你必須要認識到 Google 的這個祕密才能判斷它與其他公司的不同之處。」

在這段話裡，提爾提到了兩家撼動商業世界的企業，Google 和 Facebook，提爾並沒有趕上投資 Google 的機會，但對於 Facebook，提爾可是一眼就看中了，而也正是因為投資 Facebook，給他自己，給祖克柏，也給矽谷留下了一段神奇的故事。

第七章
沒有彼得・提爾，就沒有祖克柏的Facebook

最大的風險就是不冒風險！坐在川普身邊的矽谷奇才：
彼得‧提爾的創業故事

第一節
與祖克柏的第一次碰撞只有五分鐘

2004 年的一天，彼得‧提爾的好友，素有「矽谷人脈王」之稱的里德‧霍夫曼找到了提爾，目的就是閒聊。

霍夫曼是提爾在史丹佛大學時的好友，後來曾應提爾的邀請加入 PayPal 擔任高級副總裁，在提爾離開 PayPal 之後，霍夫曼也離開了 PayPal。

霍夫曼天生善於結交各色人士，在離開 PayPal 之後，他利用自己的所長創建了 LinkedIn，也就是大名鼎鼎的 LinkedIn 商業社交網站。此時的霍夫曼，角色已經和提爾一樣轉變成了天使投資人，投資於各種尚在萌芽階段的小公司和團隊。

這一天，霍夫曼找提爾沒有什麼特別的目的，僅僅是好朋友之間敘舊聊天，在聊天的過程中，霍夫曼忽然想起一件事來，便開口向提爾問道：「有幾個投資項目不知道你是否有興趣？有一個來自哈佛的小子，他帶給我兩個點子，是關於在大學生當中建立網站的。」

在當時，社交網站並不是一個多麼新鮮的創意，早在七年前，提爾就有一個朋友創辦了一家社交網站，這個朋友的網站叫做「social network」，成立於 1997 年。按照提爾的說法，當時這家網站的做法是讓大家把社交活動搬到網上，以虛擬的寵物，如貓和狗的形態出現，並進行各種模擬現實的社交活動。

除了這家創辦於七年前的網站，提爾還先後

歐美國家的版權意識

在西方先進國家，對於創作者版權的保護是非常到位的，而對於侵犯創作者版權的打擊也是非常嚴苛的。

在音樂領域，一首歌的所有權完全歸屬於版權所有者，任何使用這首歌的行為，都必須經由版權所有者的同意，否則即為侵權。

如果沒有經過版權所有者的授權，即便是翻唱和演奏曲調也是侵權行為，也要遭到十分嚴重的懲罰。

帕克的 Napster 網站就遊走在侵權和不侵權的邊緣，因此受到了大量的起訴，最終破產。

第七章　沒有彼得·提爾，就沒有祖克柏的 Facebook

接觸了好幾家類似的社交網站，他對此並沒有太大的興趣，也不認為這種東西會有什麼太大的前途。不過，既然是從好友霍夫曼的嘴裡說出來的，提爾還是願意聽一聽這個哈佛小子的點子有什麼過人之處的。

霍夫曼把自己知道的訊息和盤托出，其實也並不是很多，可能正是這種不知所以然的態度，反而引起了提爾的興趣，他請求霍夫曼拿到一些更詳細的訊息讓他加深了解，並表示在適當的時候，可以見一見這個名叫祖克柏的哈佛小子。

霍夫曼是怎麼認識祖克柏的呢？實際上他並不認識。霍夫曼在矽谷擁有強大的人脈，這讓他能夠了解到網路領域各種各樣的創業訊息，結識到各種各樣的朋友。

在霍夫曼的朋友名單裡，有一個叫西恩·帕克的人。西恩·帕克是一位電腦天才，同時也是一位創業天才，不過當霍夫曼遇到這個「雙天才」的時候，帕克正面臨著麻煩，原因是帕克的「創業行為」並不為法律所認同。

帕克在電腦方面的造詣讓他成為了一個電腦專家，確切地說是黑客，而出身黑客的他創辦了音樂分享網站 Napster，這個網站以免費模式吸引了大量的用戶和點擊率，但卻也給他招致了極大的麻煩，帕克和他的網站被唱片公司以侵犯版權的名義告上了法庭，而帕克則因此破產了。

在 2004 年的早些時候，帕克在女友那裡第一次見到了 Facebook 的前身，剛剛成立五個月的 TheFacebook 網站。第一眼看到這個網站的時候，帕克敏銳地覺得這將會是一個巨大的機會。

於是，他照著網站上的地址用電子郵件聯繫到了祖克柏（見圖 7-1），作為一個有過創業成功經歷且在網路領域享譽盛名的人，帕克毫不費力地就約到了當時還是一個

圖 7-1　馬克·祖克柏

1984 年出生祖克柏是這個時代的創業天才，在哈佛大學期間創立了 Facebook 的前身，在彼得·提爾的投資下，Facebook 獲得了巨大的成功，而他也為彼得·提爾創造了極大的回報。

最大的風險就是不冒風險！坐在川普身邊的矽谷奇才：
彼得‧提爾的創業故事

小人物的祖克柏，在隨後的幾次面談中，帕克力勸祖克柏將網站做大，並為 Facebook 規劃出了未來的藍圖。

在不斷堅定祖克柏的信念之後，帕克還主動提出為祖克柏尋找天使投資，為此他找到了里德‧霍夫曼，而透過霍夫曼，他又結識到了彼得‧提爾。

在與提爾聯繫的過程中，帕克詳細地闡述了 Facebook 不同於其他社交網站的地方，並表達了自己對 Facebook 的信心。而對於提爾來說，在總結了霍夫曼和帕克的訊息之後，他已經下了要投資 Facebook 的決心。於是，他向帕克表示，可以約祖克柏見一面，之後再決定是否投資。

提爾畢竟是創業大人物和著名天使投資人，因此在見提爾之前，祖克柏其實還是準備了一番的，然而整個見面的過程卻並不像一般人認為的那樣正式且嚴肅。因為提爾本身是一個很隨性的人，即便是考察投資他也不會那麼的刻板，再加上他原本就已經做好了投資的打算，所以，第一次見面他的目的實際上就是要看一看祖克柏到底是個什麼樣的人。

在提爾的面前，祖克柏提出了兩個創業意圖，但提爾沒等他把第二個闡述完就直接表示自己只投資 Facebook，於是，連祖克柏自己也放棄了第二個創業意圖。

雙方第一次見面輕鬆而短暫，提爾只是象徵性地問了祖克柏幾個問題，至於 Facebook 的細節問題，提爾則是一概不問。

提爾這種只抓大事不問細節的做事方法是非常值得學習的，但需要看到的是，提爾之所以能這樣做，還在於他之前已經做足了功課，他已經對 Facebook 有了充分地了解和自我判斷，在這個基礎上，如果再糾結於一些細節，那其實就等於是在做無用功了。

用提爾自己的話說，Facebook 的經營畢竟是祖克柏自己的事情，他只要判斷這筆投資是否有前途，祖克柏能夠讓 Facebook 成長為什麼樣子就可以了。

五分鐘之後，第一次見面就結束了，雙方基本達成了合作的意向，祖克柏找到了自己的第一位投資人；而提爾呢，則做出了他投資生涯最明智的選擇。

之後，在第二次見面的時候，提爾確定了向 Facebook 投資的金額——

第七章　沒有彼得·提爾，就沒有祖克柏的Facebook

五十萬美元，而霍夫曼也投資了四萬美元。這筆錢在當時看來並不算是很多，但要知道，幾年之後當Facebook上市時，提爾和霍夫曼手中握有的股權，讓他們獲得了數億數十億美元的收益，提爾這筆投資，絕對是中大獎了。

當然，我們也可以這樣理解，如果沒有早期提爾投資的五十萬美元，沒有提爾斷然否決祖克柏另一個創業想法，祖克柏和Facebook也很可能不會有今天這樣輝煌的成就。那麼，到底是什麼促使了當時的提爾投資於Facebook呢？這個問題，只能讓彼得·提爾自己來解答。

第二節
為什麼把錢投給Facebook？

「我不會只買一張樂透」，在聊起投資企業的時候，彼得·提爾曾這樣對人們說道。

在創業投資領域，有一種投資風格被稱為「刮樂透」。指的是投資基金將資本分散投資給一批雛形企業，這種做法的好處是單筆投資較少，回報的可能性會增加，這些雛形企業都成長不起來也沒有關係，只要有一家最終上市，投資基金所獲得的回報就足以彌補投資的損失。

在離開PayPal之後，彼得·提爾轉變角色成了一個天使投資人，此後的兩年裡他投資了很多創業團隊，對很多項目都感興趣，那麼，Facebook會不會是他「刮樂透」似的投資買中的大獎呢？

如果說提爾在投資於Facebook的時候，就知道祖克柏會把Facebook發展到今天這種規模，那無疑是對提爾太過吹捧了。提爾投資Facebook肯定有一些「刮樂透」的色彩，但如果說完全是「刮樂透」又肯定不會，提爾投資於Facebook還是有他的理由的。

提爾篤信一個原則，那就是壟斷創造財富，如果一個公司、一個產品、一

最大的風險就是不冒風險！坐在川普身邊的矽谷奇才：
彼得‧提爾的創業故事

種服務或一項技術能夠在所在領域占有壟斷式的地位，那麼無疑是最有投資價值的。當提爾看到 Facebook 的時候，他的腦海裡反映出來的，便是一種壟斷社交網路的未來景象。如果這樣的企業不值得投，那還要投資什麼樣的企業呢？

另一個原因是，提爾非常喜歡祖克柏本人和他的團隊。讀者應該還記得，當初提爾在創立 PayPal 的時候，PayPal 是一副什麼樣子。辦公室像大學宿舍，員工們穿著短褲上班，走廊裡甚至能爆發水槍戰⋯⋯

再看看祖克柏和他的團隊：祖克柏永遠是一副牛仔褲、套頭衫，穿著要多隨便有多隨便，在 Facebook 的早期，他們就租住在聖荷西洛思阿圖斯的一座大屋裡面，那裡像極了一個大公寓，所有人都走來走去，完全沒有一副辦公的模樣。後來 Facebook 擁有了自己的辦公室之後，祖克柏仍舊沒有改變隨意的辦公風格，在 Facebook 總部，所有的辦公空間都是開放式的，祖克柏和所有高管都與普通員工坐在一起，沒有人擁有自己的辦公室，甚至會議室也沒有門窗，在開會的時候，任何員工都可以參與進來⋯⋯

這樣的團隊，讓提爾非常喜歡，提爾曾經明確表示，他喜歡投資那些他熟悉或者覺得談得來的人，無疑，祖克柏就是這樣一個讓提爾非常喜歡的人。

此外，提爾投資於 Facebook 的另一個理由是，Facebook 代表著一種突破，一種對當前人們生活狀態的改變。

提爾曾經說過，他喜歡的美國是當年那個創造了無數奇蹟，改變了人們生活的美國。什麼叫改變了人們生活呢？就是，人們好好看著話劇，突然有人發明了電影；人們好好用著電話，忽然有人發明了手機；人們還在地球上仰望星空，忽然傳來了從月球的畫面⋯⋯

無論是科技領域的創新還是工業領域的創新，只要它能打破人們傳統的生活模式，重新定義人們的生活，便都是提爾所要追求的。

儘管提爾本人並不喜歡社交網站，直到今天他的 Facebook 帳號都沒怎麼打理過，但他卻樂見有突破性的創新出現。

在一次訪談中，提爾曾這樣說道：「Facebook 其實並不是第一個社交網站，我的朋友里德·霍夫曼在 1997 年的時候就創建了一家社交網路公司，里德的公

第七章　沒有彼得·提爾，就沒有祖克柏的 Facebook

司可以說是要比 Facebook 早了七年。不過 Facebook 是真正實現突破的公司，因為它讓這個產品成功了，讓人們透過他們的產品可以在網路上找到他們的身分。」

「在 1997 年的時候一家叫做『social network』的公司成立了，那可是比 Facebook 早了整整七年，但是 social network 做的事情是讓大家在網路上社交，一些人的身分是網上虛擬的狗，另外一些人是網上虛擬的貓，然後他們在一起進行各種形式的網路社交。但是後來事實證明，社交本身其實根本不重要，重要的其實是真實的身分，這也是 Facebook 的成功之處，它並不是一個社交平台，而是第一家在網上建立個人真實身分的公司，這其實才是 Facebook 的強大之處，而十二年之後，我們卻依然錯誤地定位 Facebook 屬於社交網站。」

Facebook 改變了美國人，甚至世界人的社交生活，讓原本需要去酒吧，去聚會和其他公共場合才能做的事情搬到了電腦上，讓人與人之間的距離變得如此之近。

這種改變人類社會生活模式的商業創造，僅僅需要幾十萬美元就能參與其中，並還能夠隨著它的成功而獲得巨額的回報，提爾又有什麼理由不參與呢？

和瘋狂的人一起做瘋狂的事，這一直是提爾堅持的信條，這也就是為什麼他投資了那麼多公司，但只參與到 Facebook 的日常工作中來的原因。因為他覺得，Facebook 實在是一個「非常酷」的事情。

認識彼得·提爾是祖克柏的幸運，如果沒有提爾的錢，祖克柏的創業計畫很可能胎死腹中。而認識祖克柏又是提爾的幸運，他過了一把重新年輕，重新創業的癮。對於祖克柏這個人，提爾又是怎樣看的呢？

最大的風險就是不冒風險！坐在川普身邊的矽谷奇才：
彼得·提爾的創業故事

第三節
「我們是一樣的人」

　　祖克柏曾經不止一次地提起，彼得提爾是創業道路上給予他幫助最大的人，堪稱是他的「創業導師」。

　　祖克柏非常尊敬彼得·提爾，雖然提爾位列 Facebook 的董事會，但其實他並不負責任何具體事務。然而即便如此，祖克柏還是願意在一些大事上聽從提爾的意見。

　　與此同時，提爾也非常欣賞祖克柏，這種欣賞源自於一種認同，因為按照提爾的話說，祖克柏和他是「一樣的人」。

　　祖克柏對事情的態度非常堅決，這像極了當初創業時的彼得·提爾。

　　提爾回憶說，2006 年七月 Facebook 曾經發生過一件大事，就是雅虎想斥資十億美元收購 Facebook。那個時候，Facebook 成立不過才剛剛兩年，前途還非常不明朗，有人肯出這麼一大筆錢來收購，任誰都會動心的。

　　「我都曾經猶豫過想要拿那筆錢！」提爾這樣說道，然而當時僅僅二十二歲的祖克柏表現得卻十分堅決。按慣例，如此大的收購一定要開董事會討論，但在董事會上，祖克柏直言道：「這個董事會就是走個過場，這次董事會議不能超過十分鐘，我們沒有什麼好討論的，我們不會賣給雅虎。」

Facebook 拒絕雅虎

　　2006 年，在 Facebook 剛剛成立兩週年之際，雅虎曾有過對 Facebook 收購的提議，當時雅虎給 Facebook 持股人的報價為十億美元巨款。

　　在當時，Facebook 高層以及持股人並不知道 Facebook 未來會發展到什麼樣子，也不知道 Facebook 可以靠什麼盈利，因而當時大多數人都贊成接受雅虎收購，套現走人。

　　但最終，具有一票否決權的祖克柏否定了雅虎的收購提議，他的這一行為在當時被人看作是「瘋狂的」「愚蠢的」，但在今天看來卻無比明智。因為幾天 Facebook 已經成長為市值超過三千三百億美元的網路巨無霸，而雅虎的市值是五百零二億美元，不足 Facebook 的六分之一。

第七章　沒有彼得·提爾，就沒有祖克柏的 Facebook

　　祖克柏這個表現，和當年提爾第一次拒絕 eBay 的表現是如出一轍，所不同的是，最終提爾沒有頂住來自各方的壓力，而後來 Facebook 的發展勢頭之好讓雅虎的收購變成了一個笑話。

　　提爾覺得祖克柏在一點上做得非常好，那就是對待職業經理人的態度。當初，職業經理人比爾·哈里斯曾經讓提爾苦不堪言，而看到祖克柏對職業經理人完全不屑一顧的態度，不禁讓提爾覺得痛快。

　　提爾這樣說：「祖克柏創造了一個矽谷公司的歷史。當米特·惠特曼成為 eBay 的職業經理人時，eBay 存在的時間還很短，員工才不到三十人，作為主席的創始人並不十分活躍，很早便離開了公司。在一九八〇、九〇年代的矽谷，有很多職業經理人，他們會盡快地進入那些初創公司，甚至包括 google 這樣的公司。即使是在 PayPal，我們也曾有過很大的壓力，需要職業經理人的進入──他只待了六個星期就離開了。然而，祖克柏的 Facebook 改變了這些，它們不請職業經理人，完全依靠自己的能力去管理公司。當時，有很多批評說，祖克柏太年輕，尤其是當他在二十二歲拒絕了雅虎的收購時，幾乎所有的媒體都譏笑他年輕不懂事，準備坐看 Facebook 的破產，但祖克柏最終卻向它們證明了自己。」

　　提爾在談到祖克柏時，總是帶著掩飾不住的讚許。他讚賞祖克柏依舊樸素的生活和堅持如一的企業家精神，而談及自己時，他總會謙虛地說，如果回到年輕的時候，他希望自己能夠更多一些實務能力，少一些哲學上的東西。

　　提爾說得並非虛言，祖克柏確實是一個非常樸素務實的創業者。

　　作為一個年輕富豪，祖克柏的生活一度十分地低調。在結婚之前，他曾經長時間住著租來的一套簡陋的一室一廳的小公寓，地板上的一個床墊，兩把椅子和一張桌子就是他全部的家當。而他的早餐通常就是一碗普通的燕麥片。每天步行或者騎腳踏車上下班。這些與普通大眾幾乎沒有什麼區別的日常生活似乎跟他富豪的身分格格不入，在祖克柏身上，吸引人們眼球的似乎除了其五百億美元的身家和他的華裔女友之外再無其他。

　　對生活沒有太高的要求，但對於自己卻有著極高的要求，這一點祖克柏表

最大的風險就是不冒風險！坐在川普身邊的矽谷奇才：
彼得・提爾的創業故事

現得甚至要比提爾更好。

提爾年輕的時候是一個天才型學霸，他愛好思考，喜歡科幻、西洋棋，在每件事上都下了很多功夫。

祖克柏也是一樣的。他早在中學就開始編寫程式，祖克柏的啟蒙老師曾評價祖克柏是不可多得的神童。在高中時期，他就已經在附近的梅西學院學習程式設計。

祖克柏很喜歡程式設計，特別是溝通工具與遊戲類程式。他開發過名為「ZuckNet」的軟體程式，讓他父親可以在家裡和牙醫診所交流，而這一套系統甚至可以視為是後來美國線上實時通訊軟體的原始版本。

在步入哈佛大學之後，祖克柏在「程式神人」的光環下，編寫出Facebook 的前期版本 Face mash。這個程式因為哈佛學生使用眾多，導致服務器癱瘓而被哈佛緊急叫停。祖克柏看到了這個程式巨大的生命力以及帶給世界的改變，乾脆就直接輟學，專心地去打造這個日後風靡全球的網站。

祖克柏還有一點與提爾非常相似，那就是在創業階段，盡一切可能相信身邊的人，把具體的事情交給具體的人去做，而不去「摻和」那些自己不懂的事情。

創業者往往有一個習慣就是獨斷專行，從管理者的角度這個習慣沒有錯，但成熟的管理者會懂得獨斷專行和愚蠢的區別。提爾和祖克柏一樣，雖然獨斷專行，譬如霸道地拒絕 eBay 和雅虎的收購，但在對待具體的事情上面，表現得卻十分明智。

提爾用開放式的管理方法來梳理工作，讓每個人盡職盡責的同時，享有極大的自主權，而祖克柏在管理上也不喜歡插手具體事務。

對於行銷方面的工作，祖克柏其實是並不擅長的。但他不擅長沒有關係，他可以找到擅長的人。Facebook 的行銷完全由來自 Google 團隊的桑德伯格策劃，由桑德伯格策劃的口碑行銷策略，讓 Facebook 在短時間內獲得了極大的市場效益。

祖克柏曾經說，自己的成功並不是因為自己會做什麼，而是因為自己了解

第七章　沒有彼得·提爾，就沒有祖克柏的 Facebook

自己不會做什麼，然後不去做那些自己不會做的，只專注於自己擅長的事情。

祖克柏最擅長技術和用戶分析，因而他將主要的精力都放在這兩項工作上，我們也能夠看到，正是他在這兩項工作上不斷地發揮著天賦，才讓 facebook 始終走在行業的前列。

無論是在性格上，對待生活的態度上，對待創業的態度上還是管理方式上，祖克柏和提爾都有太多的相似之處。這也就難怪提爾會對祖克柏如此看重了，那麼從提爾這裡，祖克柏又得到了什麼呢？

第四節
最大的風險就是不冒任何風險

除了作為創業投資的啟動資金，祖克柏從彼得·提爾那裡得到的東西還有很多。創業的信心，是在早期提爾帶給祖克柏的重要財富。

一開始，Facebook 雛形的誕生純屬幾個大學生的惡作劇，祖克柏和他的朋友們根本就沒有想過把它商業化，也不知道怎樣商業化。後來，當他意識到這可能是一個創業的機會時，內心卻依然並不特別堅定。

因此，當提爾將第一筆五十萬美元的創業投資交給他時，同時給予他的還有信心。作為一個創業成功者，提爾當然了解 Facebook 的商業前途，他能夠看得比祖克柏更遠，因此，當祖克柏對未來不確定的時候，提爾便不停地以實際行動給祖克柏打氣，尤其是當他後來追加了 Facebook 的投資之後，更是為祖克柏打了一針強心劑。

在公司的發展策略上，祖克柏從提爾那裡也是獲益良多。一開始，祖克柏很為公司的利潤點頭疼，如果不能創造利潤，那麼 Facebook 的未來在哪裡呢？在他躊躇的時候，又是提爾站了出來。

就像當初經營 PayPal 和管理 X.com 那樣，提爾很了解企業規模的重要性，

最大的風險就是不冒風險！坐在川普身邊的矽谷奇才：
彼得·提爾的創業故事

用壓倒性的市場占有率獲得近乎壟斷的地位，這是網路企業別具一格的取勝方法，儘管沒有利潤來源，但只要把蛋糕不斷地做大，利潤總會隨之而來的。

因此，提爾準確地分析出，Facebook 應該面向全世界的各階層，而不應該僅僅停留在美國大學生層面，它應該成為一個全球性的社交網路，而不是幾個大學的「通訊錄」。

提爾告訴祖克柏，他面臨的最大問題不是利潤來源，如果 Facebook 缺錢，完全可以去投資市場上融資，Facebook 當前所面臨的最大任務是增加用戶數量，用戶數量越大，Facebook 的價值就越大。

「彼得提爾一直要求我們專注於用戶增長，認為擴張是公司最重要的事情，這是對 Facebook 造成決定性作用的一點。」在聊到早期創業的時候，祖克柏曾提到過這件事，他認為遇到提爾是一件非常幸運的事情，他不像別的投資人，只會把錢拿出來便什麼也不做了，提爾是一個真的關心企業未來的人。

可以說，正是提爾的參與扭轉了 Facebook 的軌道，如果沒有提爾，Facebook 可能真的只會成為祖克柏的一個玩具。

祖克柏曾經回憶他創業的經歷，當時的一切都歷歷在目，他覺得自己真的從沒有想過會把 Facebook 做成現在這個樣子。

做第一版 Facebook 的時候，只是因為這是祖克柏和他的朋友們想要的一個東西，大家有這種想法，就去實踐了。

「（我們想要）一個能夠讓我們和周圍人產生聯繫的工具，而我完全沒有想過這會成為一家公司。我對第一版本發行時那晚的印象非常深刻：我出去和幾個現在還在 Facebook 工作的朋友吃披薩，我們聊到說未來可能會有人為整個世界做一個類似 Facebook 的社群，那應該會是一個偉大的公司。但明顯，我們沒有想到那會是我們自己。我們並沒有想要做一家公司。我們只是做了一個覺得對學校有點用的東西。」

提爾的參與，讓祖克柏意識到，這個偉大的公司可以是自己創造出來的，可以說到那一刻，Facebook 才有了一個初創企業的樣子。

提爾帶給祖克柏另一個寶貴的財富是創新的勇氣和風險意識。

第七章　沒有彼得・提爾，就沒有祖克柏的 Facebook

提爾說：「在一個變化如此快的世界裡，你最大的風險就是不冒風險。」對於這句話，祖克柏一直是奉為圭臬的。

「我非常認同這句話。我覺得很多人，當面臨重大機遇選擇的時候，都會想到很多負面的結果，雖然他們很多時候是對的，但任何選擇都有好的一面和壞的一面。如果你不做這些改變，我相信你注定會落後和失敗。」祖克柏這樣說道。

但凡網路創業者幾乎沒有不敢於創新的，但像提爾這樣執著於創新，甚至把創新放在創業成功之前的創業者，還是非常少見的。與提爾創新意識相輔相成的是他的風險意識，他明白創新意味著風險，但不創新意味著更大的風險，與風險共舞的創新，這才是一個成功的創業者取勝之石。

在很大的程度上，與其說創業者是在與對手競爭，不如說是在與未來競爭，而提爾影響下的祖克柏，也慢慢走上了與未來競爭的道路。

在一次訪談的過程中，祖克柏坦言 Facebook 有一個十年的路線規劃圖，目標是「連接」世界上的每一個人。

祖克柏說：「如果我們想要解決一些世界級的大的挑戰，我們真的需要把每個人都連接起來，讓每個人都有機會參與到問題的解決中來。所以我覺得連接每個人是件非常關鍵的事情，這也會對世界上的每個人都有益處。」

邁向未來有沒有風險呢？當然是有的，但如果不向未來前進，那麼 Facebook 很可能就會在未來的某一天喪失它的優勢，轉而被更具有創新精神和風險意識的企業超越。Facebook 的市值變化見圖 7-2。

受提爾未來思維的影響，祖克柏還將目光投向了人工智慧領域。

祖克柏說：「我覺得人工智慧會讓各個領域釋放巨大的潛力。在 Facebook，我們在很多事情上應用人工智慧，比如讓人們看到更有意義的內容或者讓你連接到你真正在意的人。另外在很多方面，人工智慧被用來診斷疾病和尋找更有效的藥物、製造自動駕駛汽車，等等。」

「我聽過一個故事，說有人做了一個機器學習的應用，可以透過皮膚病變的圖片來自動判斷其是否是皮膚癌，並且精確度可以媲美世界上最好的醫生。

最大的風險就是不冒風險！坐在川普身邊的矽谷奇才：
彼得·提爾的創業故事

所以，誰不想要這個東西呢對不對？每個人都有可能成為最好的醫生。」

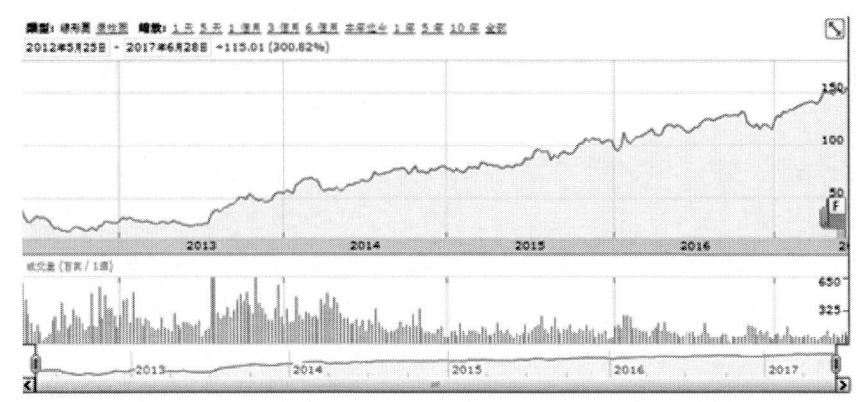

2012年5月25日，Facebook在那斯達克上市，股價為每股31.9美元，總市值為1040億美元。到2017年5月25日，Facebook股價為每股153.6美元，總市值為3370億美元，彼得·提爾在Facebook持股3%，也就是Facebook剛剛上市時，提爾手中的股票總值超過30億美元，而當初他的投資是50萬美元。

圖 7-2　Facebook 市值變化

「當人們對人工智慧和人工智慧對人類的潛在傷害產生恐懼的時候，我就會有點失望，因為我覺得在治療疾病或安全駕駛等方面，人工智慧是能夠拯救人類並且推著人類向前走的，所以我覺得未來十年，這都將是一件大事。」

從不停歇地向著未來前進，這是 Facebook 不同於很多矽谷企業的地方，也是 Facebook 的精髓所在，這一切當然是祖克柏帶領下團隊的努力，但作為祖克柏的創業導師，提爾可以說是居功至偉。

作為一個創業投資人，提爾用五十萬美元的投資換來了數十億美元的回報，可以說是成功的典範了，但對於祖克柏和他的 Facebook，提爾所作出的貢獻可不僅僅只有這「區區」五十萬美元的創業投資。

自從雙方合作開始，提爾的創業理念和創業精神就已經深深地根植在了祖克柏的心中，也根植在了 Facebook 的企業文化當中。在未來的某一天，即便是提爾離開了 Facebook，他的影響也依然會繼續存續，永遠也不會被湮滅掉。

第八章
蘋果有「喬幫主」，PayPal有「提幫主」

最大的風險就是不冒風險！坐在川普身邊的矽谷奇才：
彼得‧提爾的創業故事

第一節
「PayPal 幫」，矽谷第一大「黑幫」

除了 PayPal 創始人、Facebook 的第一位投資者之外，彼得·提爾在矽谷還有一個更加顯赫的角色，那就是「PayPal 黑手黨」（見圖 8-1）的「老大」。

圖 8-1　「PayPal 黑手黨」主要成員

史蒂芬·賈伯斯被戲稱為「喬幫主」，戲謔之外的一層含義彷彿在說賈伯斯是一個單槍匹馬打天下的英雄，因為所謂的「喬幫主」其實是沒有「幫派」的，蘋果絕算不上是賈伯斯的「幫派」。但彼得·提爾不同，他的「PayPal 黑手黨」是真實存在且影響力巨大的「黑幫」。

自 2002 年將 X.com 公司出售給 eBay 之後，提爾和他們初始創業團隊中的人就相繼離開了 eBay。在離開之後，他們當中很多人都保持著緊密的聯繫，並且經常相互支持，久而久之這群人組成了一個團體，並在矽谷形成了一股強

第八章　蘋果有「喬幫主」，PayPal 有「提幫主」

大的影響力。

2007 年時，著名的《財富》雜誌對提爾和他當年的創業夥伴形成的這一個團體產生了濃厚的興趣，並做了一整期的深度報導，在報導中，《財富》雜誌給了他們一個形象的稱謂——「PayPal Mafia」，Mafia 是義大利語，意思是黑手黨，所以我們就將它翻譯為「PayPal 黑手黨」。

這裡有一個有趣的問題，提爾的團體後來是以 X.com 公司被 eBay 收購的，為什麼「PayPal 黑手黨」不是「X.com 黑幫」呢？原因在於，這個團體主要的組成人員幾乎都來自於早期的康菲尼迪，也就是 PayPal 的初創人員，後期雖然有一些 X.com 的組成人員加入，但大部分還是來自於 PayPal 的。

而且，由於在創建 PayPal 的過程中，提爾和列夫琴給 PayPal 融入了一種特殊的團隊文化，後來加入的人或多或少都受到了這種文化的影響，PayPal 團隊實際上已經成了一種創業精神的符號，這個符號背後蘊含著極其豐富的東西。

「PayPal 黑手黨」的一個重要特點是個人化，所謂的個人化，就是每個人發揮自己的個性，而不是在團隊中湮滅個性，為此，在 PayPal 團隊中幾乎不會出現任何程式化的東西。

「PayPal 黑手黨」的重要成員拉布伊斯曾經回憶過這樣一件事，他說：「我記得跟 eBay 開整合討論會的情形會議，目的是找出團隊協作方式並制定路線圖的優先級。eBay 團隊弄了個一百三十七頁的 PPT。他們打算讓我和戴維·薩克斯以及我的幾位同事一張張看過這些 PPT。」

「我記得會議一開始時我就在想『這麼做是行不通的。』David 馬上跳過了二三十張 PPT，eBay 團隊感覺受到了侮辱，因為有人不想在三小時的會議裡等他們逐張 PPT 闡述完。在 PayPal 的歷史上，從來沒有開過三小時的會，可對方卻以三小時倒計時開始整合會。David Sacks 和我步出會場時對著我說：『如果我們還待在這裡，你就得建一整支 PPT 團隊，因為這是跟這幫傢伙溝通的唯一方式。』」

不搞形式主義，更不能讓形式的條條框框限制住人的個性，因此 PayPal 的早期成員在團隊裡感受到了被尊敬，放大了自身的優勢，並擁有極大的空間

最大的風險就是不冒風險！坐在川普身邊的矽谷奇才：
彼得・提爾的創業故事

展示自己在創業領域的天分。

可能也正是因為如此，在離開了 eBay 之後，這些人在獨立創業的過程中，幾乎都尋找到了適合自己的項目，並一個個獲得了成功。

讓「PayPal 黑手黨」組織起來的另一個重要的元素是使命感。提爾是一個非常具有使命感的創業者，他認為賺錢當然重要，但更重要的是，擁有一種改變世界的使命感。

提爾曾說：「我認為偉大的公司總會有這樣一股使命感，即如果你不做就沒人會做，這就是 PayPal 最初的真正願景。」在創建和經營 PayPal 的時候，提爾將這種使命感傳遞給了他的合作夥伴們。

擁有這種使命感是一種別樣的體驗，它會讓人不自覺地感覺到自己與周圍格格不入，並且很享受這種格格不入所帶來的特殊氣場。

戴維·薩克斯說：「從 PayPal 大批出走的是一群具備高度創業精神的人，他們掌握了所有的技術，他們非常具有創新性，在所有其他人都會放棄的情況下能創造出可以爆發的新產品。」

一旦這些格格不入的人遇到了同樣的人，他們就更願意去與同樣的人結成團體，PayPal 的創立過程，無形之中就「孵化」了這樣的一個團體。並且，使命感會讓大家產生近乎同樣的價值觀、財富觀，讓他們即便是離開了共同的團隊，也更加願意從事同一個事業。而這一點上，也正是「PayPal 黑手黨」之所以影響巨大的一個原因。

大家透過彼此投資，彼此合作，彼此扶持，讓彼此的創業嘗試更有保障，並透過一個個創業項目的成功，進而繼續擴大「PayPal 黑手黨」的影響力。

這樣一說，「PayPal 黑手黨」似乎是建立在個人價值和彼此利益基礎上的一個團體，但其實並非如此。用「PayPal 黑手黨」成員的話說，他們之間最重要的其實還是彼此的友誼。

提爾這樣說：「我更願意用友誼而不是關係網這個詞，我認為關鍵的是我們樹立了極其深厚的友誼。我覺得這個東西在我們今天的世界裡被嚴重低估了。」

第八章　蘋果有「喬幫主」，PayPal 有「提幫主」

由此可見，「PayPal 黑手黨」並不是一個簡單的關係網，他更像是一個老朋友組成的「聚會」，大家在這個「聚會」上談天說地，回憶彼此的過去並攜手邁向未來。

以情感作為紐帶的團體，是很不容易被拆散的，我們有理由相信，「PayPal 黑手黨」的組織雖然鬆散，但其凝聚力可以說是全矽谷最強大的。

無與倫比的個性，超脫於成功的使命感，奪人眼球的個人成功經歷，龐大的資源調動能力，以及強大的凝聚力，是構成「PayPal 黑手黨」成為矽谷第一大「幫派」的原因。

可以這樣說，PayPal 成員的成功得益於「PayPal 黑手黨」，而「PayPal 黑手黨」也會在成員一個個獲得巨大成功的基礎上，迸發出更強大的影響力，並影響著矽谷的今天和未來。

第二節
提爾說：人脈就是財富

矽谷從來不缺乏單槍匹馬的孤膽英雄，但如果你真的認為一個人單槍匹馬就能搞定從創業到成功的所有事，那你就大錯特錯了。

在事關於創新、管理、企業決策的某一件事上，你可以做孤膽英雄，力排眾議堅持自己，事實上很多傳奇人物都是這麼做的。但在操持一個企業，尤其是獲得從無到有的創業成功上，你是需要他人的幫助的。

賈伯斯有沃茲尼克，謝爾蓋·布林有賴利·佩吉，比爾·蓋茲有保羅·艾倫，彼得·提爾則有他的「PayPal 黑手黨」。

提爾曾說，人脈就是財富，有人就有一切。提爾以一個對網路技術一竅不通的投資者，主導了 PayPal 這樣一項領先於時代的技術的誕生，如果不是擁有出色的人脈，單憑他一己之力是絕對做不到的。

最大的風險就是不冒風險！坐在川普身邊的矽谷奇才：
彼得·提爾的創業故事

當初，提爾與列夫琴的相識就得益於他的人脈。提爾與列夫琴共同的朋友盧克·諾斯克曾極力向列夫琴推薦提爾，因此即便還沒有與提爾見過面，列夫琴就早已對提爾有所了解了，否則他是不可能貿然地將自己的創業計畫對一個陌生人和盤托出的。

在創辦 PayPal 的時候，提爾在史丹佛積累的人脈發揮了極大的作用，他從麥肯錫公司挖來了戴維·薩克斯，從安然公司挖來了埃里克·傑克遜，從其他創業團隊挖來了里德·霍夫曼，此外還有史丹佛校友基思·拉布伊斯、羅洛夫·博塔等人，這些人日後都成了 PayPal 的中流砥柱。

在轉型成為創業投資者之後，提爾先後在網路安全、人工智慧、未來科技、社交網路等領域進行投資，最終獲得了巨大的成功，他的人脈在這當中造成了至關重要的作用。

在這裡，僅僅看一下提爾是如何獲得 Facebook 這樣一個巨大的投資機會就可以了。

作為創業投資人，彼得·提爾幾乎每天都會接到投資申請，他是沒有精力也沒有興趣對每一個投資都進行徹底了解的，在這種情況下，當時估值僅僅有五百萬美元的 Facebook 很可能就在他面前溜走。或者更進一步說，提爾很可能都不會意識到這是一個機會。

那麼是誰在中間起了作用呢？我們之前提過了，起作用的有兩個人，一個是提爾的朋友里德·霍夫曼，一個是霍夫曼的朋友西恩·帕克。

西恩帕克首先從女友那裡看到 Facebook 網站，進而意識到這是一個機會，但他自己的錢不夠用來投資的，因此他想到了找創業投資人。

我們可以設定這樣一個場景，當帕克激動地意識到這是個千載難逢的機會時，他拿起手機看看上面的創業投資人都有誰。他首先剔除了大部分可能會給自己帶來麻煩或者不那麼好打交道的創業投資人。最後，他選定了里德·霍夫曼。

當里德·霍夫曼接到西恩·帕克的電話，並在電話裡聽懂了整個創業項目是個多大的機會時，他首先想到了自己可能需要投資夥伴。於是，他搜尋自己腦子裡可能選擇的夥伴，毫無疑問，條件反射一般他便想到了彼得·提爾。

第八章　蘋果有「喬幫主」，PayPal 有「提幫主」

就這樣，祖克柏和 Facebook 透過兩道橋梁與提爾連接在了一起，如果沒有人脈，也就等於失去了這兩道橋梁，那麼提爾還有可能投資於 Facebook 嗎？答案自然是否定的。

讀者還應該注意一個現象，「PayPal 黑手黨」的成員們都喜歡互相投資對方的創業項目。在這方面，提爾做得尤其好。

提爾投資於 Facebook 的時候，和他一起投資的就有里德·霍夫曼和基思·拉布伊斯兩個「PayPal 黑手黨」成員。

戴維薩克斯創辦 Geni.com 的時候，他獲得了來自提爾和其他兩位「PayPal 黑手黨」成員的數百萬美元投資。

里德霍夫曼的 LinkedIn 公司獲得了提爾、戴維薩克斯、基思·拉布伊斯、傑夫·麥克庫雷等多人的投資。

對於伊隆·馬斯克的 spaceX 公司，彼得·提爾也投資了兩千萬美元，和他一起投資的還有「PayPal 黑手黨」的另一個成員盧克。

「PayPal 黑手黨」雙子星傑里米·斯多普爾曼和拉塞爾·西蒙斯在創辦商舖點評網站 Yelp 時也得到了提爾的資金支持。

以上僅僅是「PayPal 黑手黨」互相投資彼此創業項目的一小部分，據不完全統計，「PayPal 黑手黨」全體成員互相之間的投資總數超過兩百人次，這樣頻繁的互相投資，並不是因為彼此都缺錢，而是一種風險共擔、利益共享。

譬如，在里德·霍夫曼創辦 LinkedIn 的時候，他以一個億萬富翁的身家，是能夠自己獨立完成創業的，但他依然樂於將股份讓渡給「PayPal 黑手黨」的朋友們，一方面可以分散個人創業的風險；另一方面讓這些同為成功者的朋友加入到團隊中來，也有助於群策群力，無形中就提升了成功的機率。

這也就是為什麼提爾和「PayPal 黑手黨」成員們如此熱衷於關照彼此的原因，在雲波詭譎的創業市場，抱團取暖的力量是最大的，當他們形成一個成功的團隊，就會產生一種漩渦效應，各種資源就會自動地向他們聚攏，那麼「PayPal 黑手黨」再要做什麼事情無疑就是非常容易的。

看多了成功故事的人會有這樣一種感覺：成功者總有一種難得的運氣，在

最大的風險就是不冒風險！坐在川普身邊的矽谷奇才：
彼得‧提爾的創業故事

決定其是否成功的關鍵時刻，總能適時地出現一些人來幫助他。而相比之下，失敗者卻總是顯得孤立無援，在困難面前總是顯得那麼無助。

其實，這就是人脈的差距。提爾什麼也不做，就等在辦公室裡，就會有 Facebook 這樣的投資機會找上門來，這不是人脈在起作用還能是什麼呢？

當然，良好的人脈的前提也是自身的價值。二十世紀曾經一度興起了一個名叫「六步『凱文‧貝肯』」的遊戲，遊戲規則很簡單，出題者隨便說出一位演員的名字，競猜者則要在六部電影之內，將他與凱文‧貝肯聯繫起來。

比如說，出題者念出辛普森的名字，競猜者可以指出，辛普森與普利希拉曾經一起演過電影《裸槍》，普利希拉在《伏特仙徑》中與吉爾伯特有過合作，吉爾伯特則與保羅一起出演過《比弗里山警探》，保羅則和凱文‧貝肯搭檔出演過《食客》。

就這樣，幾乎所有的美國演員都可以與凱文‧貝肯聯繫在一起，而因為貝肯的作品廣泛，大多數演員與之的聯繫往往不超過三部電影。

彼得·提爾和他的「PayPal 黑手黨」就如同矽谷的凱文‧貝肯，他們每個人都聚攏了廣泛的人脈，而又因為彼此抱團而讓彼此人脈互通，從而就形成了一個影響力大到不可思議的矽谷創業網路。「PayPal 黑手黨」的影響力是如此之大，以至於里德·霍夫曼都曾經表示過，他曾經有機會投資雷軍創立的小米而沒有行動，他對此後悔不已。

> **六度分隔理論（six degrees of separation）**
>
> 六度分隔理論認為，這個世界上任意兩個互不相識的人，只需要很少的中間人就能夠建立起聯繫。
>
> 1967 年，哈佛大學心理學教授斯坦利·米爾格拉姆曾根據這個概念做過一次連鎖信實驗，嘗試證明平均只需要五個中間人就可以聯繫任何兩個互不相識的美國人。
>
> 六度分隔理論並不是說任何人與人之間的聯繫都必須要透過六個層次才會產生聯繫，而是表達了這樣一個重要的概念：任何兩位素不相識的人之間，透過一定的聯繫方式，總能夠產生必然聯繫或關係。顯然，隨著聯繫方式和聯繫能力的不同，實現個人期望的機遇將產生明顯的區別。
>
> 流行一時的「六步『凱文‧貝肯』遊戲」便是在這個理論基礎上產生的。

第八章　蘋果有「喬幫主」，PayPal 有「提幫主」

這是一個訊息的時代，所有訊息都能夠在網路上獲得，但唯獨人與人之間因為共同經歷、共同價值取向等結成的關係，仍然需要在現實中獲得。因為共同的創業經歷，「PayPal 黑手黨」結成了一個鬆散的團體，但這個團體能夠給每個成員創造出的機會和財富，卻是足以令我們讀者驚羨的，這就是人脈給他們帶去的財富。

第三節
PayPal 黑手黨是怎麼煉成的？

抱團取暖是「PayPal 黑手黨」的成功之道，有趣的是，在矽谷這個創業和財富的世界裡，類似於 PayPal（和它之後的 X.com）這樣的創業企業多如牛毛，取得了巨大成功的屢見不鮮，前面有微軟、蘋果，後來者有甲骨文、Google，為什麼這些企業沒有形成它們的「微軟幫」「Google 幫」，唯獨一個被收購時市值還不到二十億美元的「中小企業」形成了「PayPal 黑手黨」呢？

要知道，像 Google 這樣的創業巨無霸，如果醞釀出一個「Google 黑幫」應該是理所應當的事情。然而，在 PayPal（X.com）進行上市整合的 2001 年，整個公司也不過僅有六百名員工，而在作為一家上市公司發布的最後一季財務報表中，整個公司的營收也不過僅為五千萬美元左右，相對於其他創業企業來說少得可憐。

一塊如此小的土壤，最終卻長出了令整個矽谷都另眼相看的「參天大樹」，「PayPal 黑手黨」是怎麼做到的呢？

埃里克·傑克遜在前面已經出現過多次，他是彼得·提爾在史丹佛的校友，在 PayPal 創立的時候他從安然公司辭職進入 PayPal，被任命為市場總監。他不但是「PayPal 黑手黨」的骨幹，還全程參與了 PayPal 從創立到與 X.com 合併，直至最終被 eBay 收購的全過程。作為一個「幫中人」，埃里克·傑克遜為

最大的風險就是不冒風險！坐在川普身邊的矽谷奇才：
彼得・提爾的創業故事

我們詳解了「PayPal 黑手黨」的形成。在他看來，正是 PayPal 團隊的很多獨特性塑造了「PayPal 黑手黨」。

第一，精英主義。

毋庸置疑，整個矽谷充斥著各種各樣的精英，網路最頂尖的人才都在這裡，沒有精英也就沒有矽谷全球科技中心的地位。然而，「PayPal 黑手黨」的精英主義還與整個矽谷的精英主義不同，「PayPal 黑手黨」延攬的不僅僅是技術精英，它要求的是創業方面的「多面手」。

彼得·提爾和列夫琴是一流的人才，他們招來的也是一流的員工，一流的員工透過彼此之間介紹，讓 PayPal 獲得了更多的一流人才。與此同時，PayPal 管理層還給了這些人才充足的權限，授予他們進行本職工作之外的嘗試，讓每個人最大限度地發揮自己的才能。

譬如，傑里米·斯多普爾曼在離開 PayPal 之後創立了 Yelp，他回憶在 PayPal 的經歷時曾說過：「我二十二歲時候以為自己很厲害，在郵件裡把整個執行官層面的做法都反對了一遍，結果當時我只是背上被拍了一下，沒人開除我。」

鼓勵團隊成員大膽嘗試，即便他們做得不對也不加以懲罰，可以說很多人都是在 PayPal 的成長中獲得了創業的第一份經驗。

第二，讓團隊成員覺得他們是在改變世界。

彼得·提爾是一個執著於改變世界的人，後來加入的伊隆·馬斯克也是如此，而技術天才列夫琴也是一個理想主義者。有極具理想主義的領袖，自然會將這種理想主義傳遞給員工。

一個極具理想主義的團隊，成員們相處起來會非常融洽，也容易做出一些只為金錢的企業做不到的事情。而當這些人在獲得了成功，紛紛開啟自己的事業之後，也會因為曾經共同為一個理想奮鬥的經歷而產生濃厚的友誼。

第三，克服挑戰的共同經歷。

「PayPal 黑手黨」在一起工作的時間並不長，算起來僅有短短的幾年時間，但在這幾年時間裡，PayPal 和之後的 X.com 從來沒有一天脫離過險惡的生存

環境。無論是一開始的草創階段,還是後來的與 eBay 血戰到底,PayPal 團隊需要時時刻刻面對來自於各方面的挑戰。

共同面對生與死的挑戰,並一次次戰勝困境,在這個過程中,團隊成員不但培養了堅定的作風,更因為共同的經歷而讓彼此了解。「同仇敵愾」是最好的組織黏合劑,當幾個人為同一件事絞盡腦汁、焦頭爛額的時候,當他們透過無數次加班攻克一個個難關的時候,他們會發自內心地對彼此產生好感和信任。

第四,強大的執行力。

面對無時無刻不存在的危機,PayPal 團隊無從選擇,能做的就只是執行、執行、還是執行!執行力是淬煉人才的火爐,沒有執行力,技術和頭腦再強的人才也會慢慢變成廢材。

所幸的是,PayPal 的事情非常多,提爾要求團隊中的每一個人都具備強大的執行力,在工作中追求「偏執的精益求精」,這看似有些「壓榨」的管理方式,最終卻造就了 PayPal 員工超於正常的成長速度。

埃里克·傑克遜提道,在他加入 PayPal 才三個月的時間裡,PayPal 已經做了兩次重大改變,一是營運平台,從掌上電腦轉而以網站為主;二是市場,從 P2P 支付到專注於電子商務。每次變革都需要他快速地適應,迅速完成工作和角色的轉換,這個過程讓他受益匪淺,以至於讓他在日後的獨立創業過程中感慨良多。

卓越的團隊成員、不凡的膽識、良好的組織環境,正是這些因素結合在一起(見圖 8-2),讓 PayPal 成了一個成功創業家的孵化器,「PayPal 黑手黨」正是在這樣的背景下誕生了。

最大的風險就是不冒風險！坐在川普身邊的矽谷奇才：
彼得·提爾的創業故事

「PayPal黑手黨」四個核心要素

團隊執行力　共同經歷　偉大願景　精英主義

「PayPal黑手黨」文化

圖 8-2　「PayPal 黑手黨」文化

　　從 2002 年被 eBay 收購到現在，這群人離開一個共同的團體已經超過十五年了，此後三三兩兩有過共同的創業合作，但作為一個整體他們卻再也沒有出現在一個創業活動中。

　　不過，這一切沒有妨礙他們成為一個具有強大凝聚力和能量的組織，且隨著這群人在矽谷中的影響力越來越大，「PayPal 黑手黨」反而帶給人更多的遐想。但就如同埃里克·傑克遜說的那樣，「PayPal 黑手黨」是一個因緣際會的產物，矽谷有無數個創業企業，但卻只有一個「PayPal 黑手黨」，以前沒有，以後也可能很難被複製出來。

第四節
教派般的團隊文化

　　「PayPal 黑手黨」每個成員都是極具個性的人，我們能夠想像把這群充滿理想主義的「天才」凝聚在一起的組織會有生命力，但我們很難想像這樣一個組織會有向心力，也就是「PayPal 黑手黨」很容易形成一個「多頭」的組織，而事實上它也確實如此。

第八章　蘋果有「喬幫主」，PayPal 有「提幫主」

然而彼得‧提爾卻認為，PayPal 的成功在很大程度上就是因為建立起了教派般的團隊文化，雖然此後「PayPal 黑手黨」成了一個沒有首領的組織，但它的初始形成卻得益於此。

一個公認的事實是，對宗教過於狂熱的人必然都屬於「他控型人格」，也就是不喜歡自主，而喜歡跟從於他人。但在各種群體中，創業人群當中的「他控型人格」所占的比例無疑是最低的，那麼，提爾的「教派團隊文化」從何說起呢？

用提爾的話說，一個創業團隊必須要有極高的熱情，對目標的執著，這樣才能夠保證對創業活動全身心的投入。而 PayPal 團隊在一開始組建的過程中，都有意無意地追求這種狀態和工作環境，讓團隊成員始終處於亢奮當中，這一點和極端組織在某種程度上是比較相似的，但也有明顯的不同。

「最大的區別是：極端組織在重要問題上通常錯得離譜，而成功的初創企業則對其他公司不理解的事有非常正確的看法。」提爾在書中這樣寫道。

那麼，如何來打造教派般的團隊文化呢？提爾用自己的經驗告訴我們，首先要找到正確的人。

瘋狂的人能夠做瘋狂的事，互相欣賞的人則能夠一起做事，提爾用這樣的原則挑選自己的創業夥伴。也就是，他要找的是他喜歡的瘋狂的人。

為此，提爾改變了傳統的應徵模式，他選擇在自己的朋友圈裡尋找可能的合夥人，因此我們看到「PayPal 黑手黨」的大多數成員都來自於史丹佛大學和伊利諾大學，這兩個學校分別是提爾和列夫琴的母校。

同學、校友、朋友，這種關係充斥在早期的 PayPal 初創團隊中，彼此之間的熟悉使得大家願意坐下來傾聽他人的聲音，願意用彼此退讓、妥協和理解的方式來化解矛盾，也願意為彼此而貢獻自己的精力，而不是像有些創業團隊那樣「各人自掃門前雪」。

當 PayPal 的團隊需要擴大時，這種熟人策略已經不足以滿足人才缺口了，在這種情況下，面向全社會的應徵就是必須的。不過，應徵的口子雖然放開了，但提爾依然沒有像一些企業那樣把應徵工作分派給 HR 部門或獵頭公司，他選

最大的風險就是不冒風險！坐在川普身邊的矽谷奇才：
彼得・提爾的創業故事

擇親自上陣。

提爾說：「我們並非透過篩選簡歷然後僱用最優秀的人才來建立『PayPal黑手黨』。我在紐約的一家律師事務所工作時，親眼看到了這種方法帶來的混亂結果。與我合作的幾個律師經營著一家不錯的事務所，他們個個都很出色，但是他們之間的關係卻異常淡薄。他們整天待在一起，但在辦公室外卻很少交流。」

「……從一開始，我就想讓PayPal員工緊密團結，而不是出於事務關係待在一起。我認為較為牢固的關係不僅能使我們更加開心、高效地工作，而且能使我們的職業生涯更容易成功，即使不在PayPal，亦是如此。因此我們打算僱用真正喜歡團隊合作的人。他們必須有才華，但更為重要的是，他們要由衷地喜歡與我們共事。這就是『PayPal黑手黨』的開端。」

實現這個目標的方法是親自主持應徵，也就是說，在PayPal被合併之前整個團隊的兩百餘名員工每個人都是提爾或列夫琴親自應徵進入公司的。

選擇人才固然重要，但作為一個創業團隊，怎麼樣讓人才選擇你呢？用提爾的話說，你怎麼樣才能說服人才從更好的公司跳槽到你這個前景不明的團隊中呢？提爾的方法是，提供不可替代的工作機會。

提爾說：「如果你能解釋為什麼公司使命激動人心，那麼你就能吸引你需要的員工。不是解釋工作的重要性，而是解釋為什麼你在做別人從未想過要做的重要事情。這是唯一能讓你的理由變得獨特的方法。」

人才精英和普通的打工者的區別在於，他們想從工作中獲得的東西不僅僅有金錢，如果你告訴他們在這裡能夠得到比金錢更寶貴的東西，他們會願意捨棄一部分利益而選擇你的團隊。

有了這兩點雖然不足以讓你獲得成功，但基本上可以保證你組建自己理想中的團隊，與理想中的團隊一起做事，這樣的創業者無疑是非常幸福的。

相對於組織的內涵，提爾反而比較看輕所謂的企業文化，在他看來，企業文化都是在創業過程中慢慢產生的，沒有一家成功企業的企業文化是一開始就設定好，並一直遵循下去的。

第八章 蘋果有「喬幫主」，PayPal 有「提幫主」

換句話說，得先有團隊才有企業，先做成企業才有企業文化。所以提爾認為，構建一個教派式的創業團隊，這要比先設定什麼友善、輕鬆、活潑的企業文化要重要得多。

「公司文化不能脫離公司本身而存在：無公司無文化，公司即文化。初創公司是肩負同一使命的一個團體，企業文化的好壞取決於內涵。」提爾這樣說。

第五節
他們「是矽谷的批判者」

「PayPal 黑手黨」因為成員們具有很多共同的特性而結成，而在這些特性當中，最能夠引發人討論的就莫過於「叛逆」的基因了。

「PayPal 黑手黨」的所有成員都是矽谷創業成功者，因此，我們理所應當地認為他們身上帶有著矽谷人的某些特性，但事實卻並非如此。當「PayPal 黑手黨」的成員以創業者出現在公眾面前時，相對於矽谷人的共性，他們更多地表現出的反而是「矽谷的批判者」，這其中尤以彼得·提爾和伊隆·馬斯克為最。

彼得·提爾對矽谷的最大「悖逆」是他對於網路的「漠視」。PayPal 是一個網路創業項目，但作為網路的受益者，彼得·提爾卻沒有那麼熱衷於網路。

提爾覺得網路領域是一個不錯的投資領域，但也正因為如此，人們把本應該投資於其他領域的資源都放到了網路上，從而造成了網路一片繁榮，但其他領域卻停滯不前的現狀。

在一次公開演講中，提爾這樣說：「人類現在生活在這樣一個世界裡，IT 領域有一些進步，但其他領域的進步卻並不大。……儘管，我喜歡電腦、網路、移動網路，但與此同時，我也希望其他領域能夠取得進步。比如說醫學，如治癒癌症的藥物等，或者說提高農業產量、清潔能源，等等。

對於矽谷來說，我是一個批判者，我覺得這裡吸引了人們太多注意力。投

最大的風險就是不冒風險！坐在川普身邊的矽谷奇才：
彼得·提爾的創業故事

資者和人才們應該在更為廣泛的領域有所創新。IT 業務可以迅速地獲得客戶，而且客戶黏性很高，IT 行業的成功記錄多，而 IT 之外的創新領域更有挑戰性，比如航空業。美國一百年航空業的總利潤沒多少，而 Google 每年利潤五百億美元，美國航空是一千八百億美元。航空旅行當然比搜尋引擎更重要，但是如果看 Google 的市值，比美國所有航空公司加起來的總市值高好幾倍⋯⋯」

提爾是這麼說的，他也是這麼做的，作為投資人的他雖然投資了不少網路企業，但近些年明顯把重心轉移到了網路之外的其他領域。提爾將大筆的資金投資於醫學、生物科學、航天、海洋開發、環保等領域，絲毫不計較回報，而且還利用自己的影響力不遺餘力地向矽谷推銷自己的理念，以至於在目前的矽谷，已經出現了不小的聲浪支持提爾，跟隨他從網路向其他領域轉移。

伊隆·馬斯克也是這樣，他最近一些年主要做的兩件事都與網路無關，事實上，馬斯克已經漸漸淡化了他網路創業者的形象，現在出現在公眾面前的，是一個科技「鋼鐵俠」的形象。

近些年，在矽谷獲得最多關注的不是蘋果的新品發布，不是 Google 的收購傳聞，而是特斯拉和 SpaceX。開發太空、清潔能源汽車，馬斯克用網路以外的行動，在矽谷這個網路世界裡獲得了比網路新聞更大的關注。

矽谷是一個提倡自由與分享的世界，這裡集中了美國最崇尚自由的知識分子精英，他們熱衷於宣揚各種自由主義價值觀，並本能的排斥一切保守的行為和意識。然而，「PayPal 黑手黨」的成員們卻不這麼看，這又是他們對於矽谷的「叛逆」表現。

言論自由是美國最重要的社會準則之一，在言論自由的大前提下，很多對人有「冒犯」的言論都會得到寬容，甚至一些明顯「侵犯個人隱私」的行為，只因為媒體對名人享有自由的評議權利也被社會容忍了，以至於在自由主義價值觀盛行的矽谷，名人似乎都不享有任何隱私權一樣。

然而，提爾卻不認同這一點。2015 年，矽谷一個非常大的「花邊新聞」是提爾暗中資助一個摔跤手告倒了有名的八卦媒體 Gawker。

提爾是一個同性戀者，雖然他很早就曝光了自己的身分，但他也不希望媒

第八章　蘋果有「喬幫主」，PayPal 有「提幫主」

體炒作這件事。不過在多年之前，Gawker 曾經以提爾作為話題人物進行炒作，這讓提爾感到十分惱火。

幾年之後，提爾決定報復，在知道了一位摔跤手想要控訴 Gawker 之後，提爾對他提供了援助，最終這名摔跤手勝訴，獲賠 1.4 億美元，Gawker 也因此破產被關了門。

提爾的行為在矽谷引起了軒然大波，很多人都勸提爾不要這樣做，有人提出，如果提爾這樣做的話，無疑就等於是用金錢來恐嚇言論，以後就沒有人敢於去曝光那些有錢人的另一面了。

但提爾卻毫不以為意，提爾說：「我不認為新聞業一定就意味著肆無忌憚地侵犯別人的隱私，我覺得記者應該做的事比這強得多。恰恰是因為我尊重記者，我才不相信針對 Gawker 的反擊會對記者構成威脅。」

提爾不覺得自己這麼做有什麼不對，相反，是有些人對於言論自由的邊界理解得太寬了，以至於一些媒體成了欺凌弱小的「惡棍」，他這樣做，其實就是對這些「惡棍」的懲戒，不僅不是侵犯言論自由，反而是對個人權利的保護。

提爾說：「我倒是能捍衛自己的利益。但他們攻擊的大多數人都沒有我這樣的資源。他們通常攻擊的那些名氣和財富有限的人，根本無力抵抗他們的欺凌。……即使像波利這樣，已經是個百萬富翁，也是成功的名人，他也沒有太多的資源能夠獨自做到這一點。」

提爾對自由有所警惕，列夫琴則對過於平等的權利有所警惕。生長於蘇聯的列夫琴見過集權社會是什麼樣，因而對於矽谷較多的左派也始終保持一定的距離，至少在思想上是處於批判者的地位的。

除了提爾和列夫琴，「PayPal 黑手黨」還有很多成員都表示過對於矽谷主流價值觀的異議，這顯得十分獨特，正是這種獨特性，反而讓「PayPal 黑手黨」顯得更加具有叛逆色彩。

當然，「PayPal」黑幫對於矽谷最大的「叛逆」恐怕非彼得·提爾對美國總統候選人唐納·川普的支持莫屬。

矽谷本來就是極端反對共和黨的地方，而唐納·川普又是共和黨裡面最保守

最大的風險就是不冒風險！坐在川普身邊的矽谷奇才：
彼得·提爾的創業故事

的候選人，他在矽谷的支持者都不能用「寥寥無幾」來形容，不誇張地說，川普簡直可以說是「矽谷公敵」。

但就是這樣一個「矽谷公敵」，提爾卻和他站在了一起，這種「叛逆」的行為給提爾招致了極大的非議。在一貫比較寬容的矽谷，無數冷言惡語噴向了提爾，提爾被整個矽谷罵得一無是處，無數矽谷創業者表示以拿提爾的投資而「感到恥辱」。

在一片反對聲浪中，提爾不但沒有退縮，反而表現得更加堅定。而此時，「PayPal 黑手黨」中的很多人都選擇了和提爾站在一起。他們當中大多數人也並不支持川普，但認為提爾作為一個正常的公民，支持自己信賴的總統候選人是無可厚非的，矽谷因為提爾支持了一個他們反對的候選人就威脅要封殺提爾，這反而是對自由精神的一種漠視。

無論是漠視網路還是對狂熱自由主義的警惕，在本來一片祥和的矽谷，「PayPal 黑手黨」都顯得十分特立獨行。這種特立獨行由「PayPal 黑手黨」每個成員的個人特質和行為共同組成，讓人們感慨於「PayPal 黑手黨」強大影響力的同時，更加覺得這個「幫派」具有獨特的魅力。

第九章
「PayPal 黑手黨」的主要成員

最大的風險就是不冒風險！坐在川普身邊的矽谷奇才：
彼得·提爾的創業故事

第一節
「鋼鐵俠」伊隆·馬斯克

　　如果「PayPal 黑手黨」是一個雙核心的組織，那麼在彼得·提爾之外的另一個核心無疑就是伊隆·馬斯克。而事實上，伊隆·馬斯克是一個比彼得·提爾成名更早、影響力更大的創業者。

　　和彼得·提爾一樣，伊隆·馬斯克也不是土生土長的美國人，他於1971年出生在南非，那時候的南非，曼德拉還在監獄中，南非政府還奉行著「白人至上」的原則，作為白人富裕家庭的孩子，伊隆·馬斯克受到了很好的教育。

　　1981年，十歲的馬斯克開始接觸電腦，透過自學他掌握了基礎的程式設計。十二歲的時候，馬斯克自己製作了一款名為 Blastar 的遊戲，這個遊戲後來賣了五百美元，這是他的「第一次創業」。

　　馬斯克於1989年離開南非，因為母親是加拿大人，他被安排前往安大略省的女王大學就讀，不久之後，馬斯克選擇離開女王大學，轉學至美國賓夕法尼亞大學。

　　馬斯克在賓大先後獲得了經濟學學士學位和物理學學士學位，1955年，他前往史丹佛大學攻讀應用物理的碩士學位。

　　按照原定的軌道，馬斯克原本可以成為一個物理學家，但在進入史丹佛僅僅一週之後，馬斯克便選擇了離開。

　　當時的矽谷正處於網路經濟蓬勃發展的巨潮中，無數創業故事迴蕩在史丹佛的校園裡，輟學創業成了一種時尚，在這種情況下，馬斯克已經無法安心繼續深造下去，他選擇了保留學籍退學創業。

　　一開始，馬斯克想要去當時剛剛創立一年的網景公司求職，但沒有被錄取，鬱悶之餘，他和他的親弟弟金博爾·馬斯克創立了自己的網站 Zip2。Zip2 是一個論壇式的評議網站。馬斯克兄弟對 Zip2 的經營很成功，數年之後，它被康柏

第九章 「PayPal 黑手黨」的主要成員

公司收購，馬斯克為此獲得了數千萬美元的回報。而此時，彼得·提爾才剛剛用東拼西湊的一百萬美元在矽谷開創了自己的投資公司。

1999 年，馬斯克進入線上支付領域，他和他的合夥人一同創立了 X.com 公司，公司的主要對手就是彼得提爾的 PayPal。一開始，雙方競爭得不亦樂乎，但在意識到這種競爭對雙方都沒有好處之後，伊隆·馬斯克找到了彼得·提爾選擇合作。

隨後的事情就像我們在之前提到過的那樣，馬斯克作為最大的出資人成為新公司的最大股東、董事長，隨後又透過內部鬥爭獲得了 CEO 的職位，但在一年之後，他的 CEO 職位又被彼得·提爾所取代。

離開了 CEO 職位的馬斯克從此便不再過問公司的具體事務，但依然和公司高層如彼得·提爾、列夫琴等人保持著良好的私人關係。2002 年，公司被 eBay 收購，馬斯克用個人股份套現 1.8 億美元離開了 eBay，此時的他才不過三十一歲。

作為一個應用物理學家，馬斯克對探索太空有著執著的興趣，他曾經夢想成為一個火箭專家，而事實上他也確實掌握了大量有關火箭的知識。在告別 X.com 管理層之後，馬斯克就試圖與 NASA 進行合作，共同推進火箭技術的發展，設想對宇宙空間進行開發。

不過，在與 NASA 合作時馬斯克逐漸發現與政府機構合作的各種弊病，轉而選擇了自主研發火箭。他找到一些志同道合的科學家，共同創立了 SpaceX 公司，進行私營火箭發射技術的研究和應用。SpaceX 最開始的研究方向是成功發射並回收火箭，用技術革新降低發射火箭的成本，其最終的願景是對外太空進行殖民。

在此後的幾年時間裡，SpaceX 先後開發了可部分重複使用的獵鷹一號和獵鷹九號運載火箭，同時開發 Dragon 系列的太空船透過獵鷹九號發射到軌道。2008 年，之前選擇分道揚鑣的 NASA 找到了伊隆·馬斯克，要求 SpaceX 承包它的一些任務，SpaceX 於是與 NASA 進行商業合作，承接了十六億美元的商業補給服務的合約，從而保證太空梭在 2010 年退役後，國際太空站仍然能夠實

最大的風險就是不冒風險！坐在川普身邊的矽谷奇才：
彼得‧提爾的創業故事

現基本補給，在進行了四年的準備之後，2012年十月，SpaceX 的 Dragon 飛船將補給物品送到國際太空站，正式開啟私營航天的新時代。

時至今日，SpaceX 已經成為科技領域的一個標誌性企業，它代表著商業對於耗資巨大的未來科技的滲透。在以前，這種耗資巨大、需要協調各種資源的科技項目只有政府出資才能夠實現，馬斯克則用他的行動證明了，商人們不但能夠做政府能做的一切，而且還能夠做得更好。

馬斯克另一個舉世矚目的成就是特斯拉汽車。作為一個痴迷於未來科技的人，馬斯克執著地認為電動汽車將會是未來的主要交通工具。馬斯克這樣想有他的道理，一方面是科技的發展讓電力變得更加簡便、舒適、可靠；另一方面出於環保和能源的需求，人類也要逐漸告別對於常規生物能源的依賴。

因此在 2004 年，馬斯克個人出資創辦了特斯拉公司，公司的主要業務就是研發商業化電動汽車。

馬斯克為特斯拉制定的發展策略是，首先開發在小眾領域推廣的電動跑車，利用技術的優勢和小眾對於價格的不敏感迅速擴大影響力，接著開發高性能的中檔電動汽車，利用環保意識的普及以及性能上的可靠擴大市場份額，最後在大眾中實現電動汽車的普及。

在經歷了早期短暫的陣痛期之後，特斯拉汽車很快步入正軌，時至今日，特斯拉已經成為科技領域最知名且最有影響力的品牌之一，特斯拉汽車也逐漸被歐美市場所認可。

取得如此令人矚目的成就，這一切首先應該歸功於馬斯克本人。馬斯克是一個非常喜歡新鮮事物的人，時至今日他依然對世界保持著強烈的好奇心，在好奇心的驅使下，他總是會思考那些常人想不到的事情。

馬斯克的思維方式也優於一般人，作為一個自幼就喜歡思考的人，馬斯克養成了自己獨特的思維習慣，他坦言自己最認同的思維方式是「First principle thinking」（第一原則思考）。

所謂「First principle thinking」，指的是把事物最基本的公理作為第一原則，以此為出發點，來對事物整體和它未來的發展方向進行推導，簡單說就

第九章 「PayPal 黑手黨」的主要成員

是演繹邏輯的深度應用。

譬如，在思考汽車未來的時候，要首先從汽車是什麼、它解決了什麼問題、它當前所面臨的狀況等方面思考，而不僅僅是做一個市場調查。

除此之外，對伊隆·馬斯克造成很大作用的，還有來自「PayPal 黑手黨」其他人的幫助。作為「PayPal 黑手黨」的核心成員，馬斯克在矽谷的號召力和影響力自然是不同凡響的，這能夠幫助他獲得大量的資源，無論做什麼都事半功倍。

早期搭建 SpaceX 和特斯拉團隊的時候，馬斯克需要大量的頂尖科技人才，就得到過來自「PayPal 黑手黨」其他成員的幫助，大家利用各自的人脈，向馬斯克推薦自己的同學、同事以及合作夥伴。反過來，當一些科技人才對馬斯克的創業抱有疑慮的時候，他們又會動用自己的影響力說服他們。

資金上的支持更是不在話下，彼得·提爾就曾經向 SpaceX 投入巨資，以支持馬斯克的偉大夢想。「PayPal 黑手黨」的其他成員也是在馬斯克需要資本支持的時候，投資了 SpaceX 和特斯拉。

有馬斯克這樣的人存在於「PayPal 黑手黨」，這更說明了「PayPal 黑手黨」獨特的色彩。它沒有一個絕對的核心，不追求一個人獨大的組織模式，而是由朋友組成的鬆散的團體，大家在高興的時候共同做一件事，並在這件事中尋找到成功和快樂。

在未來，馬斯克還將做出什麼驚人的創舉，他和「PayPal 黑手黨」的其他成員還將發生怎樣的故事，我們拭目以待。

第二節
「矽谷人脈之王」里德·霍夫曼

如果說在世界上還有另一家社交類型的網站能夠與 Facebook 掰一掰手腕

最大的風險就是不冒風險！坐在川普身邊的矽谷奇才：
彼得‧提爾的創業故事

的話，那恐怕就只有職場社交平台 LinkedIn 了（見圖 9-1）。而 LinkedIn 的創始人就是「PayPal 黑手黨」的又一個重要人物，堪稱這個組織「黏合劑」的里德·霍夫曼。

里德·霍夫曼的他的領英

Linked in

○ 2002年 創立
○ 2003年 正式啟動
○ 2006年 首次實現盈利
○ 2008年 從美國擴散至全世界
○ 2010年 會員數首次上億
○ 2013年 領英上線10周年，用戶數量達到2.25億人
○ 2016年 領英被微軟收購，收購費用262億美元

社交

人脈

求職

圖 9-1　里德·霍夫曼和 LinkedIn

　　和彼得·提爾一樣，里德·霍夫曼也出身於史丹佛大學，確切地說，里德·霍夫曼是彼得·提爾的大學同學。

　　里德霍夫曼出生於加利福尼亞州一個富裕的家庭，在進入史丹佛大學之後，他主要學習符號系統學，涉獵了科技領域、社會行為學領域以及心理學領域等多方面的知識，從史丹佛畢業之後獲得了著名的馬歇爾獎學金，從而獲得了前往牛津大學深造的機會。

　　一開始，霍夫曼為自己設定的未來是做一名大學教授或者一個專業學者，但處於矽谷創業熱潮中的他，很難真的安下心來做一個學者。於是，他很快就加入了創業公司 SocialNet（社會網路）的團隊。

　　SocialNet 是一個為大眾提供社交服務的網路，它利用網路來連接買家和賣家、尋找室友，甚至是建立與用戶互動的分類廣告。這個工作一開始很對霍夫曼的胃口，但隨著 SocialNet 業績的萎靡，以及霍夫曼和其他初創人員在理念上的矛盾，最終他選擇了離開。

第九章 「PayPal 黑手黨」的主要成員

剛好就在此時，他的朋友彼得·提爾創立了 PayPal 並向他發出邀請，他毫不猶豫地接受了邀請，成了 PayPal 的首席營運官。

在 PayPal 早期的團隊裡，霍夫曼甚至是一個比提爾還要活躍的人，因為他負責的是一個重要的工作——與人打交道。

霍夫曼是一個天性羞澀的人，小時候還因此受到過小夥伴的欺負，但他用親身經歷向我們證明了人是會變的。

在 PayPal，霍夫曼完全變成了一個「大管家」，對內所有涉及人的事情，他都會參與進來。而因為 PayPal 的需要，霍夫曼對外的聯繫也不斷增加，他也因此變成了「矽谷包打聽」，無論是訊息還是人，只要是在矽谷，就沒有霍夫曼找不到的。

2002 年，隨著 eBay 收購 PayPal，霍夫曼也選擇了套現走人。離開 eBay 之後，他很快為自己找到了另一個創業項目，那就是繼續之前沒有完成的事業——社交網路。

霍夫曼意識到，大眾社交網站可能不是他所擅長的，他最擅長的是在某一個特定領域，譬如科技創業領域，聚攏人氣、調配資源、溝通訊息，那麼何不建立一個專業性的社交網站呢？

當霍夫曼和「PayPal 黑手黨」中的另外一些成員溝通之後，大家決定了共同創業，於是，一家專門服務於行業精英的職場社交網站建立起來，它就是後來叱吒風雲的 LinkedIn。

一開始，LinkedIn 的創業步伐走得並不順利，霍夫曼的推廣對象裡只有很少一部分人願意在這樣一個未經測試的網站上發布自己的訊息，人氣沒有建立起來，網站就沒有未來可談，眼見於此，霍夫曼開始發揮自己的強項——建立關係。

霍夫曼意識到，建設一個這樣目的明確的社交網路，必須要讓用戶感覺到真的有用才行，為此，他找到很多同行，上門為他們推銷在 LinkedIn 上面註冊的用戶，一對一地做起了獵頭。

隨後，霍夫曼又引導用戶發布更加準確的訊息，使 LinkedIn 成了現在這

最大的風險就是不冒風險！坐在川普身邊的矽谷奇才：
彼得・提爾的創業故事

樣的「專業檔案記錄」。「因為訊息的準確，用戶和企業都能夠更好地了解對方，而隨著求職或獵頭成功率的增加，LinkedIn 的註冊用戶也越來越多，最終成長為今天這個可以和 Facebook 一較高低的社交巨無霸。

里德·霍夫曼的長處在於為自己營造人氣，他的身邊總是圍繞著各種各樣的人，凡是走近他身邊的人，他都能夠讓他們成為自己的朋友，並在需要的時候派上用場。

也許有人認為霍夫曼這樣做太過於世故，有些極端實用主義的色彩，但其實並非如此。之所以有這麼多人願意和霍夫曼交朋友，就是因為從本質上講，霍夫曼是一個有趣的人，一個擅長於和人打交道的人。

有一件事可以很好地說明霍夫曼是如何與朋友相處的。

有一次，霍夫曼組織一群朋友開了個別開生面的 party，這個 party 沒有設在誰的家裡，而是選擇了一個基因實驗室，現場也沒有雞尾酒和飲料，而是一台台設備，這個 party 的主題是研究不同病毒的基因序列，整整一天時間，一群身家過億的矽谷創業公司的老總們，就這樣伏著身子在設備上查看各種病毒，玩得不亦樂乎，事後每個人都覺得這場 party 組織得太好了。

霍夫曼和每個朋友都保持著緊密的聯繫，在霍夫曼的手上，快速撥號能夠撥通的電話就有伊隆·馬斯克、雪柔·桑德伯格、馬爾科·安德爾森（著名創業投資人），當然更少不了彼得·提爾。

除了老朋友，霍夫曼還在不停地結交新朋友。雖然已經是億萬富翁，但他一點也沒有退休享受生活的意思，他幾乎花了自己所有的時間去會見各種各樣的企業家、投資者、教授以及政客，他似乎有無窮的精力去結識新人和接納新的想法，他總是特別喜歡與人聊天，和不同的人交換意見。

人緣好的另一面是樂善好施，霍夫曼差不多是矽谷最好說話的人，只要有人需要幫忙，他總是樂於提供力所能及的幫助。到今天為止，霍夫曼投資了兩百多家創業企業，這當中自然有 Facebook、Groupon 這樣給他帶來巨大回報的，但更多的是很快便銷聲匿跡了的，但霍夫曼依然樂此不疲，以至於在矽谷當一個人有創業項目找不到投資人時，他們首先想到的就是去找霍夫曼。

霍夫曼還有一個長處是別人比不了的,幾乎所有創業投資人都很少參與到創業公司的具體事務當中,即便有些創業投資人參與其中,也是在面對自己所青睞的企業。但霍夫曼卻不是,只要他投資的公司有需要,他都會在董事會中占有一席之地,並幫助企業出謀劃策,為企業提供成長必須的各種支持。

霍夫曼的這種精神,實際上就是一個利用自身能量去幫助別人,反過來又從別人的成功中獲得能量,他幫助人成功,也因為幫助人而讓自己成功。所以說,這個「矽谷人脈之王」真的可以說得上是矽谷的「第一善人」。

霍夫曼是一個非典型的美國創業家,但也正是因為有他這樣的存在,才讓「PayPal 黑手黨」顯得更為傳奇,我們有理由相信,「PayPal 黑手黨」能夠一直活躍,並且影響力越來越大,這當中霍夫曼造成的作用肯定是不可替代的。

霍夫曼就像一個黏合劑,他能將很多人黏合在一起,讓很多人共同為一個目標而奮鬥,而「PayPal 黑手黨」就是這樣一個被他黏合起來的組織。

第三節
「技術天才」馬克斯·列夫琴

2012 年十二月,有一則消息震驚矽谷,那就是傳奇創業家馬克斯·列夫琴被邀請進入雅虎董事會。馬克斯·列夫琴進入一向頗為保守的雅虎,這被看作是「PayPal 黑手黨」又一個重大的對外擴張。

和彼得·提爾、伊隆·馬斯克以及里德·霍夫曼不同,馬克斯·列夫琴雖然是 PayPal 創業的關鍵人物,但一直非常低調,很少在媒體和公眾面前出風頭。也並不樂於製造與大企業的各種新聞,這一次進入雅虎董事會,算是讓公眾第一次見識到了列夫琴在矽谷的受認可程度。

列夫琴能夠被矽谷所認可,一方面當然是因為他是 PayPal 的創始人之一,有過輝煌的成功經歷;但另一方面則是因為,列夫琴是一個不折不扣的技術天

最大的風險就是不冒險！坐在川普身邊的矽谷奇才：
彼得・提爾的創業故事

才，是矽谷這樣一個以技術獲得財富的世界裡的標竿性人物。

馬克斯·列夫琴於 1975 年出生在一個烏克蘭猶太人家庭，那個時候烏克蘭還是蘇聯的一個加盟共和國，國內的政治氣氛和經濟條件給幼年的列夫琴留下了很深的印象。

1991 年，列夫琴一家獲得了政治庇護移民美國，並在芝加哥定居，這一年列夫琴十六歲。幼年的列夫琴體弱多病，這可能是導致他性格內向的一個原因，為了解決他的健康問題，他曾經在父母的指導下練習單簧管，並很早就對數學和運算產生了濃厚的興趣。

從馬瑟高中畢業之後，列夫琴進入了伊利諾大學電腦學院，1995 年，還是個學生的列夫琴和同學校友一起創辦了 SponsorNet 多媒體網路，並透過它掙到了自己的第一桶金。1997 年，他從伊利諾大學畢業，隨後前往加州尋找機會，在矽谷他透過朋友結識了彼得·提爾，並以自己的點子和提爾一起創立了 PayPal。

在 PayPal 時，列夫琴本有機會成為公司的總裁和 CEO，但他明智地選擇了躲在背後，而將提爾推向台前。他負責的技術部門是當時 PayPal 的核心部門，也是 PayPal 與同類企業競爭時為數不多的不落下風的地方。

隨著 PayPal 與 X.com 合併，列夫琴被任命為新公司的首席技術官，這表示 PayPal 外部也認可了他的技術能力。在擔任首席技術官時，列夫琴一手創立了 PayPal 的體系，不僅在隨後革新了支付系統，並開發出了突破性的反欺詐技術，帶領技術團隊攻克了一個又一個的難關，以至於在 eBay 收購 X.com 之後，明確表示列夫琴是最重要的財富之一。

不過，隨著 PayPal 創始團隊相繼離開 eBay，列夫琴後來也選擇了套現離開。在離開 eBay 之後，列夫琴先是創立了個人媒體分享公司 Slide，之後還參與創建了社交網站 Yelp，這兩家公司後來都獲得了成功。

2010 年，網路巨無霸 Google 公司收購了 Slide，在收購時明確表示希望列夫琴留在新的公司裡，隨後，列夫琴被任命為 Google 工程副總裁，成為 Google 技術核心團隊中的一員。

第九章 「PayPal 黑手黨」的主要成員

不過有趣的是，在被 Google 收購不久 Slide 就因經營不善被關閉了，而列夫琴卻留了下來。Google 差不多是我們這個時代裡企業文化最好的公司之一了，但因為 Slide 的失敗給列夫琴帶去了強烈的挫敗感，這讓他感覺很糟，遲遲沒有辦法調整狀態。不久之後，他也離開了 Google。

2012 年，列夫琴又被雅虎聘請進入公司高層，成了雅虎改革技術的希望。在雅虎工作三年之後，列夫琴被美國消費者金融保護局聘請，成為了該局來自矽谷的高級技術顧問。

列夫琴行事低調，但在創業方面也毫不遜色，在離開 PayPal 之後，他先後創立和參與創立了十幾家公司，即便任職於 Google 和雅虎期間也沒有停止創業和投資創業的嘗試。

據說列夫琴有一個愛好是蒐集 T 恤衫，他每創辦或參與創辦一家公司，就會留一件印有這家公司 Logo 的 T 恤衫在衣櫃。現在，他的衣櫃已經放了十幾件印有不同公司 Logo 的 T 恤衫，這些公司的市值加起來總計超過數百億美元。

對於列夫琴而言，最讓他心馳神往的那次創業仍然是 PayPal，他在個人 Facebook 主頁上寫道：「在 PayPal 的那段時光是我人生中最快樂的時光。」正因如此，他依然保持著與 PayPal 同事的聯繫，並作為「PayPal 黑手黨」的骨幹存在著。

而在列夫琴創業的過程中，他也得到了來自「PayPal 黑手黨」的支持。以 Slide 為例，這家公司真正的成功之處在於它開發了多款小應用。Slide 打開成功之路依靠的是 Facebook，它專門為 Facebook 開發了多款小遊戲和窗口小部件，比如用戶在 Facebook 上向他的好友投一隻羊或者發一個笑臉，這些可能都來自 Slide 團隊。

在 Facebook 之後，它又先後服務於其他社交網站，還有微軟 Myspace 上的 FunPix、Slideshow 等應用程式也都由 Slide 創作。可以說，正是搭上了 Facebook 這班順風車，Slide 獲得了高速的發展，頂峰時期每月活躍用戶數量高達一千四百七十萬，市場對 Slide 的最高估值曾經達到五億美元。

我們無法揣測在 Slide 與 Facebook 的合作中，提爾和霍夫曼這些同樣是

最大的風險就是不冒風險！坐在川普身邊的矽谷奇才：
彼得・提爾的創業故事

「PayPal 黑手黨」成員的朋友們造成了多大的作用，但在列夫琴創業的過程中，有來自「PayPal 黑手黨」的幫助是肯定的。

與「PayPal 黑手黨」的其他成員一樣，列夫琴也是一個個性十足的人，他最喜歡的運動是騎腳踏車，而這也是他唯一喜歡的運動。

在列夫琴十歲生日的時候，他的父母攢錢為他購買了一輛公路腳踏車，從此他便開始了騎腳踏車的運動生涯，這一騎就是數十年。在 2011 年的時候，列夫琴曾因為騎腳踏車摔倒而受了嚴重的傷，但傷好了之後，他又繼續自己的騎行生涯。

作為一個技術天才，列夫琴喜歡在腳踏車上裝配各種先進設備，路碼表、功率計、心率監控器、踏步感測器，等等，這些設備能夠即時告訴列夫琴他所處的海拔高度、速度、騎行距離、心率、節奏、功率以及其他一些數據。當然，列夫琴的車上還配有全球定位系統，能夠為他進行路線導航。

在列夫琴看來，騎行帶給他思考的力量，更鍛鍊了他的意志。列夫琴曾說：「騎行過程中總有一段時間你會想，『我確實騎不動了。』不過這種情況絕對不會出現在騎行到終點的時候，總是會出現在爬坡的半途中。但是當知道自己還必須騎五英里時，又必須埋頭騎行，要麼就要推車，這確實有點悲慘。」

列夫琴將自己的創業也看作騎行的一種，在創業過程中遇到困難，遭受失敗，這都是正常不過的事情，關鍵是，他還有勇氣繼續前進下去。

對於科學發展的痴迷，對於技術的敏感，讓列夫琴將目光放到了更遠的未來，但不同於提爾和馬斯克著眼於改變世界、征服宇宙，列夫琴的創業依然圍繞著解決具體用戶的具體問題展開，這也許正是做技術出身的人與投資者的差異所在。

作為「PayPal 黑手黨」這個組織中最頂尖的技術人才，列夫琴在朋友們相繼獲得創業成功的時候，仍然在拚搏的路上，但可以想見的是，作為他這樣一個天才，成功絕不會離他而去，只是還在路上等待著他而已。

第九章 「PayPal 黑手黨」的主要成員

第四節
「會議終結者」薩克斯和「神祕大人物」拉布伊斯

在「PayPal 黑手黨」裡，還有兩個至關重要的人物，他們都來自史丹佛，早年就曾經和提爾在史丹佛打得火熱，還共同為提爾的《史丹佛評論》服務過，他們就是戴維·薩克斯和基思 · 拉布伊斯。

戴維·薩克斯和伊隆·馬斯克的經歷很類似，他同樣出生在南非的白人家庭，在他五歲的時候，他同家人一起移民美國。薩克斯先後就讀於孟菲斯大學、芝加哥大學和史丹佛大學，獲得了經濟學、法學學位。

在史丹佛期間，他和彼得·提爾成為好友，因為相互持有相同的政治觀點，他們一度在校園裡打得火熱，兩個人共同創辦了《史丹佛評論》雜誌，並且合著過一本闡述右派價值觀的書籍。

1998 年，薩克斯進入著名的麥肯錫公司從事商業諮詢工作，但隨後一年便被彼得·提爾邀請進入了 PayPal。在 PayPal 最開始的歲月，薩克斯擔任的是營運官的角色，總的來說就是除了具體的技術工作之外，薩克斯什麼事情都要參與。

薩克斯把這份工作做得很好，他不但處理了很多 PayPal 發展過程中出現的具體事務，更為 PayPal 團隊招攬了很多人才，這些人後來都成了「PayPal 黑手黨」的成員。

2002 年，eBay 收購 X.com 之後薩克斯套現離開，角色轉變為投資人。作為投資人的薩克斯第一站居然是好萊塢，在好萊塢他投拍了好幾部電影，甚至還有一部拿到了金球獎的提名，但總的來說，他的好萊塢投資經歷並不算成功。

此後，薩克斯又先後進行了幾次創業嘗試，有家譜式的社交媒體 geni.com，解決企業內部溝通問題的媒體 Yammer，其中後者曾經吸引很多企業的關注，並最終被 Google 用十二億美元收購。

最大的風險就是不冒風險！坐在川普身邊的矽谷奇才：
彼得·提爾的創業故事

作為天使投資人，薩克斯也投資了大量的初創企業，如 Airbnb、Eventbrite、Facebook，等等，而作為「PayPal 黑手黨」中的一員，他對於朋友們的創業活動也是非常支持的，如伊隆·馬斯克的 SpaceX 最早期的投資人名單中就有薩克斯的名字。

在 PayPal 期間，薩克斯可以說是彼得·提爾最親的親信，提爾的任何決策幾乎都有薩克斯的參與，而作為一個曾任職於麥肯錫公司的商業諮詢者，薩克斯對於商業問題的處理邏輯尤其感興趣。

薩克斯總能夠將 PayPal 面臨的問題歸納出來，提取中間最核心的部分加以指出，無論局面有多麼複雜，薩克斯就是能夠在錯綜複雜的局面中釐清頭緒。所以，每當 PayPal 創始團隊需要對某一個問題進行集體討論時，最開始發言的那個人一定是薩克斯，因為沒有他的發現，很多人就搞不清楚大家要討論什麼問題。也正因如此，薩克斯在 PayPal 以及後來的「PayPal 黑手黨」中扮演了至關重要的角色。

能反映薩克斯做事風格的還有一件小事。在 PayPal 和 X.com 中，薩克斯擁有參加任何會議的權力，無論是什麼階層、討論什麼主題的會議，只要薩克斯願意，他隨時都可以推門進入旁聽，而一旦他認為這個會議是沒有必要的，他也擁有隨時結束會議的權力。

所以，在當時的公司裡員工們經常看到這樣一幅場景：幾個人在會議室裡正興高采烈地討論問題，薩克斯悄悄地推門進入，在旁聽了三分鐘之後，站起來簡單地歸納了一下會議內容，然後迅速結束會議要求每個人回到工作職位上去。這樣的場景屢次發生，薩克斯也被同事們「授予」了「會議終結者」這個綽號。

在公開場合，薩克斯的名氣雖然不如其他「PayPal 黑手黨」同伴大，但任何人都不能夠輕視他在「PayPal 黑手黨」形成過程中所造成的主導作用。

彼得·提爾曾經不止一次地在公開場合盛讚薩克斯對他的影響，對於這個數十年的老朋友，提爾總是表達最大的欽佩。伊隆·馬斯克更是坦言，薩克斯是 PayPal 創業團隊統一價值觀的締造者。可以這樣說，如果沒有薩克斯，PayPal

第九章　「PayPal 黑手黨」的主要成員

也許依然會獲得成功，PayPal 和 X.com 團隊的成員們也依然會成為百萬富翁，但「PayPal 黑手黨」則絕對不會出現。

在「PayPal 黑手黨」裡，還有一個和薩克斯同樣重要，但卻披薩克斯還要低調的人基思・拉布伊斯。

基思・拉布伊斯出生在美國紐澤西州，他曾經在史丹佛大學學習政治學，之後進入哈佛大學法學院，並獲得了碩士學位。在史丹佛他認識了彼得·提爾，並加入了《史丹佛評論》的小團體裡。如果讀者還記得，在 1992 年史丹佛大學曾經爆發過一場反同性戀騷動的話，基思・拉布伊斯就是這場騷動的主角，是他高喊反同口號，在史丹佛攪出了軒然大波。

進入 PayPal 團隊之後，基思・拉布伊斯被任命為執行副總裁，負責公司業務發展和公共事務，雖然這些事務都很重要，但基思・拉布伊斯基本上仍然是一個處於幕後的角色。

從 eBay 套現離開之後，基思・拉布伊斯沒有進行個人創業，而是加入了「PayPal 黑手黨」其他成員的創業活動中去。他先是擔任里德·霍夫曼創辦的 LinkedIn 的企業發展副總裁，搭上了 LinkedIn 這棵不斷成長的參天大樹，而後他又加入了列夫琴的創業團隊，成為 Slide 的高層管理者，此外，他還在 YouTube 的創立過程中造成了至關重要的角色。

一句話來概括，基思・拉布伊斯差不多是和「PayPal 黑手黨」其他成員聯繫最緊密的一個，但凡是有朋友們的創業活動，都能夠看到拉布伊斯的參與。而也正是因為他參與了無數的創業活動，並始終保持低調的形象，矽谷也給拉布伊斯起了一個綽號——「創業幕後最重量級的大人物」。

經歷了無數次參與創業之後，2014 年拉布伊斯也成立了自己的創業投資基金 Khosla Ventures，進而和好友彼得·提爾一樣，轉變角色成了一個創業投資家。

無論是創業參與者還是創業投資家，拉布伊斯對商業都有自己獨特的見解，2014 年年底，他曾經破天荒地受母校史丹佛大學邀請回校講述自己的創業過程並向聽眾講授風險創業心得。在這次演講中，拉布伊斯提出了一個觀點：創業

最大的風險就是不冒風險！坐在川普身邊的矽谷奇才：
彼得‧提爾的創業故事

者要像個編輯一樣去管理創業。

拉布伊斯認為，所有的創業活動都必須要盡量規程化，把不必要的東西精簡掉，讓團隊關係更加清晰明朗，並整合各種各樣的資源，但一切歸根結底還是要處理好人與人之間的關係。

拉布伊斯說：「管理公司比開發產品困難多了，代碼是有邏輯的，人類卻常常失去理智。在生活中，老師也好，同事也好，父母也好，你肯定遇到過這種不理智的人。創建一家公司可怕的地方就在於，你要和這些不理智的人每天相處十二個小時。所謂管理公司，也就是看你能不能處理好與這群人的關係。」

作為一個身處幕後，但「什麼好事都沒有落下」的人，拉布伊斯無疑是處理關係的高手。如果說里德‧霍夫曼是明面上的「矽谷人脈之王」的話，那麼從拉布伊斯幾乎參與了所有「PayPal 黑手黨」其他成員的成功創業來看，他完全算得上是「PayPal 黑手黨」中的人脈王了。

第五節
「PayPal 黑手黨」其他成員

除了彼得‧提爾、伊隆‧馬斯克和列夫琴這早期的三個「巨頭」，以及里德‧霍夫曼、戴維‧薩克斯、基思‧拉布伊斯這樣的骨幹，「PayPal 黑手黨」還有如 YouTube 創始人查德‧赫利和陳士駿、紅杉資本合夥人羅洛夫‧博薩、「波蘭天才」盧克‧諾斯克、「創業導師」戴夫‧邁克克勒、黃易山等。

這裡每一個名字，都意味著一段矽谷傳奇和「財富童話」，每個人在離開了 PayPal 之後都取得了極大的成功，正是因為他們的存在，才讓「PayPal 黑手黨」成為了一個震懾矽谷乃至於整個創業世界的組織。

查德‧赫利出生於美國賓夕法尼亞，畢業於印第安納大學，他是一個藝術天才，在 PayPal 創立之後，他作為設計師被彼得‧提爾延攬進入團隊中。

第九章　「PayPal 黑手黨」的主要成員

從 PayPal 離開之後，赫利理所應當地與提爾等人保持了良好的關係，三年之後的 2005 年，他和「PayPal 黑手黨」的另外兩名成員陳士駿、賈德·卡林姆共同創立了大名鼎鼎的影片分享網站 YouTube。

在創建 YouTube 的過程中，赫利團隊得到了來自「PayPal 黑手黨」其他成員的鼎力支持，他們不用為創業投資操心，也不用為技術煩惱，更不需要考慮任何與人才相關的問題。總之，這個創業項目最終獲得了極大的成功，幾年之後，當 Google 以數十億美元的價格收購 YouTube 之後，赫利的財富陡然上升了一個台階。

在 YouTube 被 Google 收購之後，赫利進入了 Google 成為高管，然後於 2012 年辭職。此後赫利和陳士駿等「PayPal 黑手黨」成員發起了很多有意思的活動，而他本人還是一名體育愛好者，他投資了 NBA 金州勇士隊和美國職業大聯盟的洛杉磯銀河足球隊。

陳士駿出生於臺灣，在八歲的時候他和家人移民到了美國，他非常擅長數學，並在很小的時候就表現出了科學天分。

高中畢業之後，他進入伊利諾大學香檳分校電腦科學系就讀，1997 年，還在讀大四的他被學長列夫琴邀請進入了 PayPal 創業團隊。在 PayPal 團隊，他一直在列夫琴的手下做技術工程師，隨著 PayPal 被 eBay 收購，他在收獲了人生第一桶金之後，也離開了 eBay 開始了獨立創業的過程。

他與查德·赫利、賈德·卡林姆一起創立了 YouTube，並在「PayPal 黑手黨」其他成員的幫助下獲得了成功，當 YouTube 被 Google 收購之後，陳士駿從一個百萬富翁變成了億萬富翁。

因為在創業領域的突出成就，陳士駿曾經被歐巴馬接見，並成為很多名人政要的座上賓。不過，他也曾經身患重病，在重病恢復的過程中他開始思考人生，並改變了以往拚命的工作態度。現在的陳士駿用更多的時間來享受生活，不過他也沒有停下自己投資和創業的步伐，現在他仍是數家企業的重要投資人，並親自管理著一家網站。

羅洛夫·博薩出生在南非，在六歲的時候他和家人遷居到南非首都開普敦，

最大的風險就是不冒風險！坐在川普身邊的矽谷奇才：
彼得‧提爾的創業故事

並在開普敦完成了大學學業，學習經濟學。1996 年，博薩成為麥肯錫在約翰內斯堡事務所的商業分析師，在麥肯錫工作兩年之後，博薩移民美國，就讀於史丹佛大學並獲得了 MBA。

在 PayPal 與 X.com 合併之後，博薩成為新公司的企業發展總監，之後又擔任公司的財務副總裁以及執行長，在公司被 eBay 收購之後，博薩套現離開後進入了著名的紅杉資本投資基金。

博薩和彼得‧提爾一樣，信奉壟斷帶來利潤，因為在投資的時候，他非常注意培養那些有壟斷潛質的企業，為了快速實現市場規模，博薩完全無視利潤的存在，這種「彪悍」的投資作風給整個投資界留下了很深的印象。

盧克‧諾斯克 1975 年出生於波蘭，之後和家人移居美國，他在伊利諾大學獲得了電腦學位，擁有相同的社會主義國家背景讓他在大學期間和馬克斯‧列夫琴成了好朋友。

諾斯克在電腦領域擁有極高的天分，所以當列夫琴和提爾打算成立 PayPal 的時候，他首先就想到了諾斯克。此後的幾年裡，諾斯克先後在列夫琴的技術部門和行銷部門工作，在 PayPal 團隊裡他表現得非常好，並和彼得‧提爾等人成了非常要好的朋友。

在公司被 eBay 收購之後，諾斯克離開了 eBay，他先是開始了一段時間的度假旅行，隨後便加入了提爾的創業基金，諾斯克在創業投資領域也非常有天分，做了很多成功的投資項目。值得一提的是，他的一個構想最終被彼得‧提爾所認同並實施了，那就是為在校的青年學生提供創業基金，鼓勵他們輟學創業，這項基金到現在還在發揮作用，並真的為矽谷扶植起了一批創業公司。

諾斯克和提爾經常一起行動，而與此同時，他也沒有錯過列夫琴的創業以及馬斯克的太空計畫。現在，諾斯克以一個成功投資人的身分管理著一家網站，並獲得了 2016 年度天使投資人的稱號。

戴夫‧邁克克勒出生在美國維吉尼亞，1988 年獲得約翰霍普金斯大學工程學學位，之後他先後進入一些著名企業擔任技術顧問、行銷顧問，這些企業包括鼎鼎大名的英特爾和微軟。

第九章 「PayPal 黑手黨」的主要成員

2001 年，邁克克勒進入 PayPal 擔任行銷總監，在公司被 eBay 收購之後他還在 eBay 任職了一段時間。邁克克勒是一個非常熱衷於投資網路消費領域的投資者，在離開 eBay 之後的幾年裡，他先後投資了十五家這一領域的創業企業。

2010 年，邁克克勒和「PayPal 黑手黨」的其他幾個成員以及矽谷另一個創投人士共同創立了企業孵化和投資公司——500 Startups，其孵化及投資項目包括 Wildfire、MakerBot 等多個項目，其中社交媒體行銷公司 Wildfire Interactive 後來被 Google 以 3.5 億美元收購。

不過最讓邁克克勒出名的其實是他的另一個行為，那就是他特別喜歡在部落格上與人探討創業心得和投資偏好，並熱衷於向一些創業者提供自己的意見，他也因此被人尊稱為「創業導師」。

黃易山是出生在美國的華裔後代。1997 年，他畢業於卡內基·梅隆大學，在 2001 年時他進入 PayPal 團隊擔任高級工程總監，這個工作沒有因為 eBay 收購和終止，直到 2005 年，他被延聘到另一個著名的創業團隊，那就是彼得·提爾投資的 Facebook。

從 2005 年到 2010 年這五年間，黃易山一直在 Facebook 領導研發工作，在 Facebook 研發環境的建設上發揮了重要作用。

黃易山在「PayPal 黑手黨」中一直以「技術支持者」的角色存在著，當某個成員投資的企業需要技術顧問或者技術高管的時候，他們一定會想到黃易山，也正因如此，他一直以技術高管的身分出現在矽谷當中，有趣的是，他還曾經建議一家矽谷企業將總部設在中國。

「PayPal 黑手黨」作為一個非常獨特的組織，它成為矽谷史上創造創業者群體最多的一個團隊，無論是創業者身分還是投資身分，這個「幫派」共同書寫了矽谷不可磨滅的一段網路傳奇。現在，儘管「幫派」的成員們早已不在一起工作，但他們之間的聯繫卻從未中斷，當一個人需要幫助的時候，幾乎所有人都會挺身而出為成員「兩肋插刀」，從這個角度看，「PayPal 黑手黨」還真的有一種「幫派式」的仗義文化。

最大的風險就是不冒風險!坐在川普身邊的矽谷奇才:
彼得‧提爾的創業故事

第十章
站在唐納‧川普的身邊

最大的風險就是不冒風險！坐在川普身邊的矽谷奇才：
彼得‧提爾的創業故事

第一節
錢支持權，美國總統競選潛規則

在 2016 年美國總統大選中，彼得‧提爾公然站在了共和黨候選人唐納‧川普的身邊，這在科技界引起了軒然大波。

提爾對於川普的支持由來已久，在共和黨黨內初選的時候，提爾就曾經表達過對川普的好感，而在川普確定成為共和黨黨內提名候選人，並開始和民主黨人希拉蕊競爭總統寶座的時候，提爾又公開站到了台前，不但親自為川普站台，還為川普提供了大量的競選資金。尤其是在川普和希拉蕊競爭到白熱化的時候，提爾一個人就為川普提供了一百二十五萬美元的資助，這對於川普來說無疑是一種「雪中送炭」的行為。

提爾作為一個成功人士，或者說億萬富翁，如此「明目張膽」地支持某一位總統候選人，這不明顯是以錢支持權嗎？如果川普當選，可想而知他也必然會對這樣支持他的提爾給予相應的回報，那麼，這種行為難道是被美國法律所允許的嗎？答案是肯定的。其實，錢支持權一直是美國這個全世界最大的民主國家的「潛規則」。

二十世紀初美國重量級參議員馬克‧漢納曾經說過一句話：「有兩樣東西對美國政治至關重要，第一是金錢，第二還是金錢。」這位曾經幫助麥金萊總統連續贏得兩屆總統大選的政客的話絕非虛言。

美國總統大選就是一場「燒錢的遊戲」（見圖 10-1），每一個參選者都必須籌集大量的資本。2012 年總統大選，共和黨和民主黨一共花掉了六十億美元，僅歐巴馬和羅姆尼兩位最終的候選人就花掉了將近二十億美元。

第十章　站在唐納‧川普的身邊

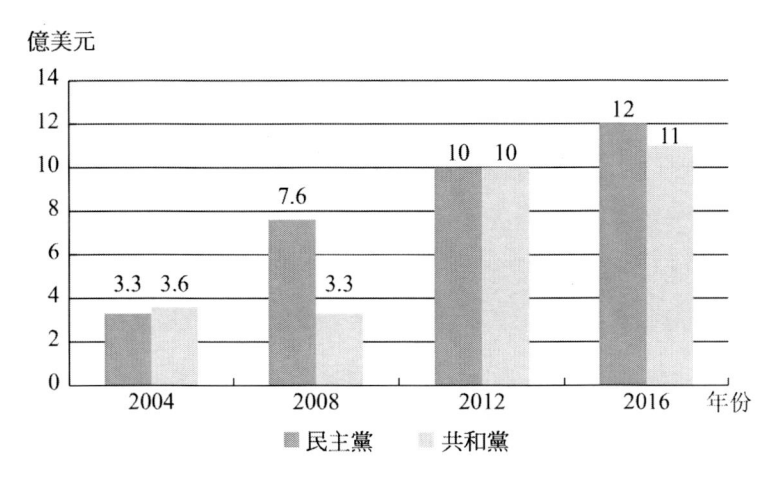

圖 10-1　逐屆增長的美國總統競選花費

當然，如此「燒錢」並不是說總統候選人要賄賂選民，而是在大選的過程中，各種活動都需要大筆的支出。組建競選團隊需要花錢，為自己做廣告需要花錢，舉辦助選活動需要花錢，飛到全國各地演講需要花錢……

大選花錢的地方比比皆是，每一個候選人的帳目都像流水一樣飛逝，如果僅僅依靠一個人的力量，恐怕就只有讓比爾‧蓋茲來競選總統了。這個時候，贊助競選的政治獻金就出現了。

所謂政治獻金指的就是個人以及社會團體對某個候選人進行金錢支持。美國偉大的立國者在建國的時候就意識到，讓金錢完全遠離政治是不可能的事情，那麼與其讓金錢在地下暗箱操作，製造各種各樣的政治黑幕，倒不如索性把一切都挑明，在陽光下制定人人可以看得見，人人都能參與進來的規則，這就是有關於政治獻金的一系列法案。

最初，美國法律允許每一個公民對參選總統的候選人進行資金支持，有一定數額的上限，這個數額是一千美元。在當時，一千美元是一個不小的數字，能拿出一千美元資助競選的人非富即貴，但即便如此，這條法案也限制了富豪階層對於政治的壟斷。更有趣的是，這條一千美元的上限不僅僅限制了普通民眾，還限制了競選者本人，因為法律規定，每一個公民最多只能向競選者提供

最大的風險就是不冒風險！坐在川普身邊的矽谷奇才：
彼得・提爾的創業故事

一千美元的贊助，而競選者本人也是公民當中的一個，所以競選者也不例外地處在這條限制線之內。

所以就出現了這樣的情況：競選者自身是一位百萬富翁，卻不能從自己的錢包裡掏錢給自己花，而必須要透過募款來籌集競選資金。

後來，隨著美國國民經濟的發展，普通百姓手裡的錢開始多了起來，一千美元的上限不再符合時宜，所以議會透過修改法律，將一千美元上限提升為兩千美元、兩千五百美元，最終到了1971年，競選捐款額度被限定在了五千美元上。

五千美元雖然說仍然是一個不小的數目，但在這個數目上，億萬富翁的優勢已經絲毫體現不出來了，這就保證了競選的基本公正。在政治熱情並沒有那麼高漲的美國，積極參與到總統選擇過程中的人是少數，少數人中提供捐款的人又是更少數，這群人中即便一個人以五千美元的上限捐款，其數目仍然不會很大。

作為有錢者的億萬富翁，肯定要想辦法對政治施加影響，如果五千美元上限被嚴格執行的話，那麼這群億萬富翁參與政治的道路無疑就被堵死了，在這種情況下，有錢人一定會另闢蹊徑。就像我們一開始說的那樣，彼得・提爾一次性就為川普捐贈了一百二十五萬美元，超出限額的兩百五十倍，這他是怎麼做到的呢？

其實，在美國總統選舉獻金當中有「硬錢」（hard money）和「軟錢」（soft money）之分。

在選舉「潛規則」裡，「硬錢」指來自個人或是來自在聯邦選舉委員會註冊的政治委員會有限額的捐款，也就是我們上面說的五千美元。

「硬錢」不但要公開來源，還被限制來源，公司或工會是絕不可以用「硬錢」的形式影響選舉的。而在「硬錢」的使用上面，它既可以捐給候選人本人，也可以捐給政黨，並受到相關法律和聯邦選舉委員會的監督。

「軟錢」則是在「硬錢」之外，尋找了另一條金錢影響政治的道路。「軟錢」指的是不在相關法律的限制內，個人或企業用於支持競選對象而造成的財政支

第十章　站在唐納‧川普的身邊

出,即體制外的籌款,不同於「硬錢」,「軟錢」可以來自任何地方,包括公司和工會,而且數額沒有任何限制。

但有趣的是,「軟錢」是被法律嚴格限定的,它不能夠直接應用於選舉,但可以應用於政黨的組建、行政等方面,譬如做一些支持政黨或者執政理念的廣告等。只要「軟錢」不是花給某個候選人,它便可以合理合法地存在。

在這種情況下,美國競選領域就誕生了一個名為「超級政治行動委員會」的組織。

「超級政治行動委員會」是由公司或個人成立的基金組織,其目的就是籌募及分配競選經費給角逐總統之位的候選人。「超級政治行動委員會」在捐款的數額上面沒有限制,也可以不透過競選者本人,但它募集到的大量資金,卻是切切實實地出現在所有人的面前。

「超級政治行動委員會」的使命只有一個,幫競選總統的人花錢,錢花完了或者總統競選成功了,這個委員會隨即就會解散。

就這樣,像提爾這樣的億萬富翁,便有了一條影響政治的「小道」,而這也正是美國總統競選的「潛規則」所在。

2016年統計,全美規模一百萬美元以上的「超級政治行動委員會」一共有二十六家,其中排名前三的分別是:PROSPERITY ACTION INC 為三百九十七萬美元、MAJORITY COMMITTEE PAC 為三百六十六萬美元和 MIDWEST VALUES PAC 為兩百九十三萬美元。

這些「超級政治行動委員會」在美國大選中的地位舉足輕重,2016年大選,來自這些委員會的資金支持占所有競選對手的資金總數的37%,也就是說,這些由億萬富翁和超級企業組成的委員會的出資額,居然接近於全國出資額的一半,這個數字就彰顯了億萬富翁是如何參與到政治中來的,也顯示了億萬富翁在政治上的話語權為什麼要比普通人高那麼多,因為,錢是他們出的。

看到這裡,所有的讀者就都明白,提爾是如何對川普進行資金支持的了。他不可能動用自己的錢直接去幫助川普,因為那樣是要坐牢的,於是他成立了自己的「超級政治行動委員會」,並把大筆的資金投入委員會運作當中去,最

最大的風險就是不冒風險！坐在川普身邊的矽谷奇才：
彼得·提爾的創業故事

終幫助川普成功當選美國總統。

有趣的是，對於提爾支持川普的行為，整個科技界都表示極為的困惑，很多人都納悶，提爾這樣精明的成功人士，是怎麼「看上」川普的呢？這個問題就需要提爾自己來回答了。

第二節
支持川普？為什麼不可以？

為什麼一定要支持川普呢？很多人都曾經問過彼得·提爾這個問題。因為作為一個科技創業者，一個出身於矽谷的富豪，在大多數人看來，提爾是完全沒有支持川普的理由的。

提爾對川普的支持，需要我們從兩個角度來解讀，首先，川普確實是提爾喜歡的總統候選人，因為川普身上有一種特質是其他候選人所沒有的，那就是敢於面對美國當下存在的問題。

在一次公開的演講中（見圖10-2），提爾這樣說道：「當我還是個孩子的時候，我們對未來的討論是關於這個國家和世界的未來，我們討論的是美國要如何打敗蘇聯，我們討論的是如何讓美國更強大，而最終，我們也確實獲得了勝利。但現在，我發現我們對於這些問題的討論越來越少了，有人告訴我們，現在的大討論是關於誰能使用哪個廁所（同性戀平權問題）。」

作為一個從二十世紀美蘇冷戰走來的人，彼得·提爾經歷了美國「最偉大」的時代，星球大戰、蘇聯解體、海灣戰爭、資

圖10-2 彼得·提爾在共和黨大會上發言
在美國共和黨全國大會上，彼得·提爾公開為唐納·川普站台。

第十章　站在唐納‧川普的身邊

訊高速公路、矽谷神話……一個又一個的大事件發生在眼前，這無疑會讓那個時代的人感受到美國這個國家的偉大和這個國家在發展過程中所體現出的蓬勃朝氣。

正是在這樣的環境下，提爾這個出生在德國的孩子卻對美國有了極大的歸屬感和自豪感。

但是，在最近十幾年中，提爾看到的是美國國內經濟雲波詭譎，社會嚴重割裂，外部影響力逐漸衰退，美國在偉大國家的道路上開始後退，這都讓提爾感到無比的失望。尤其是歐巴馬總統的第二任期，政府將全部精力都放在同性戀、少數族裔平權等問題上，更讓人覺得美國離偉大漸行漸遠，這讓很多傳統美國人都覺得意興闌珊，這當中當然也包括了提爾。

但是，因為歐巴馬總統的平權問題不但沒有錯，而且也確實代表著社會向更公平的方向發展，很少有政治人物敢於指出這當中的問題，更沒有人敢冒天下之大不韙來反對。所以，當川普這樣一個「大嘴巴」站出來，用近乎誇張的方式挑戰這種溫水煮青蛙似的政治環境的時候，即便他說的不一定全對，即便他表現得不近乎完美，也必然會受到那些「受夠了歐巴馬」的美國人的支持。

正是在這種背景下，提爾開始第一次關注川普，而隨著他對川普的關注越來越多，了解越來越多，他就越發覺得川普就是他需要的那種領導人。

川普不同於他的初選對手科魯茲，更不同於他的競選對手希拉蕊，他是一個政治圈之外的人，在競選總統之前沒有過從政經驗，這讓他身上少了那些「飽經風霜」的政客的老練與世故，多了一些「初生牛犢」的銳氣，見到看不慣的事情川普就要說，完全不會顧及說出來之後的後果，這無疑會給暮氣沉沉的美國政壇帶來了一股新風。

尤其在面對美國當下的問題以及如何解決問題方面，川普「敢說」的行為，也讓人感到了他「敢做」的一面。對於這一點，提爾就曾經評價他說：「川普是一個『建設者』，他能夠意識到美國當下面臨的困境，並有消滅『無能政府』的野心和抱負，這本身就足以讓人支持他。」

提爾這樣說道：「可能有人意識到了，美國家庭的支出每一年都在穩步地

最大的風險就是不冒風險！坐在川普身邊的矽谷奇才：
彼得‧提爾的創業故事

增加，但是家庭收入卻一直停步不前。在實際收入（收入金額排除通貨膨脹干擾的加權數）上，處於社會中位數的家庭掙得要比其十七年前還少，幾乎一半的美國人都無法在緊急情況下拿出四百美元來應急。」

「然而，就是在大多數人都在為日常消費而掙扎的時候，我們的政府卻浪費納稅人數千億的美元在遙遠的戰爭上。就在此時此刻，我們仍在五個國家戰鬥，包括伊拉克、敘利亞、利比亞、葉門和索馬利亞。」

「當然，並不是所有的人都因此受到了傷害。在首都華盛頓、矽谷這樣的大城市，人們過得還挺好，但對於全體美國人當中的大部分人來說，他們卻被這個繁榮拋棄在外了（見圖 10-3）。」

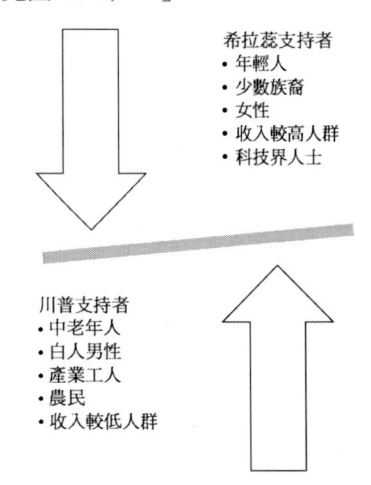

希拉蕊支持者
- 年輕人
- 少數族裔
- 女性
- 收入較高人群
- 科技界人士

川普支持者
- 中老年人
- 白人男性
- 產業工人
- 農民
- 收入較低人群

圖 10-3　川普和希拉蕊的支持者構成

「對外關係是這樣，經濟泡沫、社會問題、國際貿易都是這樣，美國在一個人為營造的虛假的繁榮當中，而大多數人卻並沒有因為這種繁榮而受益。但令人失望的是，大多數政治家卻對此視而不見，假裝一切都沒有發生一樣。」

「現在，川普出現了，他拒絕告訴人們一切都好的讓人安心的虛假故事，他具有傳奇色彩的形象吸引了大量的關注。川普並不是一個『謙卑』的人，但他對的重大事情的正確判斷恰好彌補了政治中所需的謙虛。作為一個十分不同尋常的總統候選人，他質疑美國『例外論』的核心概念。同時，他也不認為沒

第十章　站在唐納・川普的身邊

有艱辛而單憑樂觀就能改變現狀。」

「就像讓美國強大一樣重要，將美國變成一個正常的國家正是川普的政治主張。一個正常的國家不會有近乎五千億美元的貿易赤字；一個正常的國家，不會同時陷於五場不宣而戰的戰爭；一個正常的國家，政府部門會切實做好他們的工作。」

「無論在這次選舉中發生了什麼，川普所代表的一切都不會消失。他指出了一個超出雷根教條主義的新的共和黨，他指向了一個新的政治方向，那就是重塑美國。」

以上這一大段話，出自於提爾對川普的支持演講，在這段話中，我們能夠清楚地感覺到提爾對於美國現狀的不滿。

雖然，提爾自己是一個處在「繁榮」當中的億萬富翁，他是一個平庸美國的「既得利益者」，但作為一個有社會責任感的人，提爾卻深刻地認識到應該打破這種平庸，因此才會對當下的美國產生極大的不滿，進而選擇川普這樣一個看似不盡如人意，但卻能夠攪動死水，給政治帶來波瀾的候選人。

當然，對於現實的不滿只是提爾支持川普的個人因素，但無論個人政治取向如何，提爾終究還有另一個角色——創業投資人。正如我們提到過的那樣，企業和企業家支持總統候選人，也可以被看作是一場創業投資，從這個角度看，提爾對川普的支持，無疑也有一種逆向投資的味道。

在競選之初，川普幾乎沒有人看好，很多人甚至預言川普連共和黨初選都進不了，但最終川普卻強勢獲得了黨內提名。在川普與希拉蕊的最後角逐中，絕大多數媒體、政治研究機構也全部都不看好川普，但川普卻又笑到了最後。

能夠一而再，再而三的戰勝強敵，川普身上一定有其他候選人沒有的特質，而提爾正是在看到了這些特質之後，才毅然決然地選擇支持川普。而在大眾都不看好的情況下，川普實際上更需要像提爾這樣的人的支持。

換句話說，對於希拉蕊而言，提爾的支持有了也不多，沒有也無所謂，但對於川普來說，提爾的支持卻是彌足珍貴的。作為一個投資者，首先要保證投資的安全，在沒有絕對安全保障的前提下，則要考慮投資的邊際效益。

最大的風險就是不冒風險！坐在川普身邊的矽谷奇才：
彼得・提爾的創業故事

　　如果提爾支持希拉蕊的邊際效益是一的話，那麼支持川普的邊際效益就很可能是一百，在這種情況下，提爾當然是選擇支持川普。那麼，在支持川普的過程中，提爾又做了什麼呢？

第三節
彼得・提爾的貢獻

　　彼得・提爾需要川普重振美國國民的士氣，打破美國死水一樣的政壇，重新喚回美國民眾心中的大國榮光，締造全新的美國。

　　與此同時，提爾還深深地意識到，支持川普會是一個邊際效益極高的「投資」，如果川普獲勝，可以給他帶來「一本萬利」的收益。那麼，對於他來說川普的邊際效益為什麼會比希拉蕊高呢？他又有什麼價值值得川普對他如此的重視呢？這就要看看彼得・提爾對於川普的貢獻了。

　　彼得・提爾對川普的第一個貢獻是金錢。競選是「燒錢的遊戲」，雖然川普本身就是一個億萬富翁，但他也需要來自社會各界的捐贈。對於川普而言，擺在面前的一個現實是，支持他的民眾多是中產以下的階層，他們的政治熱情雖然非常高，但能夠投入給川普的金錢支持卻非常有限。在這種情況下，如果能夠有一些億萬富翁加入川普的支持者當中來，這無疑是他最需要的。

　　在川普最需要錢的時候，提爾站了出來，揮手就是一百二十五萬美元，這個數字是什麼概念呢？2016年年中統計，川普和共和黨全國委員會共募集了六千四百萬美元，這個數字並不算多，而相比於這六千四百萬美元，平均支持者捐贈額度更引人關注，因為億萬富翁川普的支持者平均捐贈額度居然還不到二十五美元。

　　這表示，提爾一個人的一筆出資就占了川普總募集資金的2%，是川普平均支持者出資額度的五萬倍。要知道，川普後來可是以六千兩百萬張選票當選

第十章 站在唐納·川普的身邊

了美國總統的,這樣的募集數量,足以讓川普成為最近二十年最「寒酸」的大選獲勝者了。

募集的資金越少,像提爾這樣的「財閥」支持者就越重要,這一點是所有人都能夠理解的。而且,一百二十五萬美元只是提爾一次的捐贈額,在這一百二十五萬美元之前,提爾還有過多次對川普的捐贈,總數雖然從沒有被披露過,但從提爾對川普的支持熱情來看,這很可能是一個令人震驚的數目。

提爾在金錢方面的捐贈對於川普來說是雪中送炭的幫助,但提爾對於川普的貢獻還不僅僅是這樣。提爾對川普更大的貢獻,是他的身分所能夠給川普帶去的影響力。

川普畢業於賓夕法尼亞大學華頓商學院,後來透過自己的奮鬥成為億萬富翁,他可以被看作是一個勵志精英的代表,但為了迎合支持者,川普的競選團隊有意將川普打造成為一個草根形象,讓他成為底層的利益代言人,這就導致精英階層對川普的敵視和疏離。

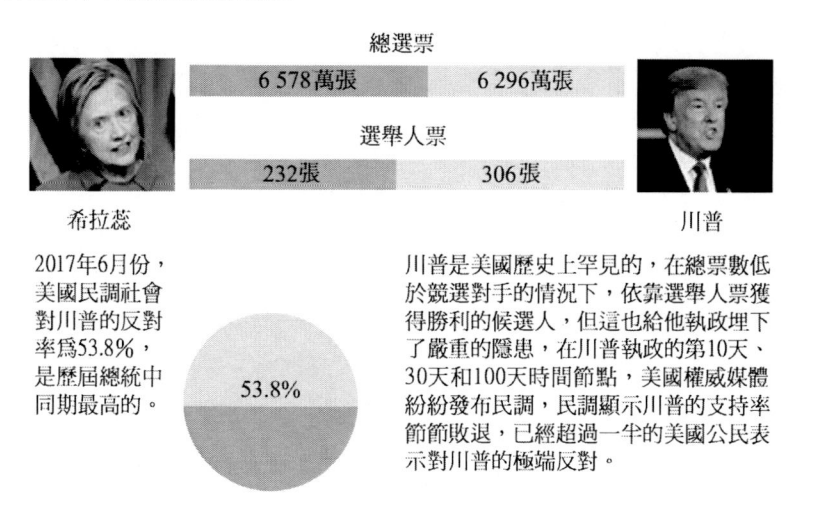

總選票
6 578萬張 | 6 296萬張

選舉人票
232張 | 306張

希拉蕊 | 川普

2017年6月份,美國民調社會對川普的反對率為53.8%,是歷屆總統中同期最高的。

53.8%

川普是美國歷史上罕見的,在總票數低於競選對手的情況下,依靠選舉人票獲得勝利的候選人,但這也給他執政埋下了嚴重的隱患,在川普執政的第10天、30天和100天時間節點,美國權威媒體紛紛發布民調,民調顯示川普的支持率節節敗退,已經超過一半的美國公民表示對川普的極端反對。

圖10-4 川普戰勝希拉蕊成為美國總統

有媒體統計,在競選進行到尾聲的時候,希拉蕊一共從矽谷科技界募得了八百萬美元的捐贈,相比之下,川普獲得的科技界捐贈只有可憐的三十萬美元。

最大的風險就是不冒風險！坐在川普身邊的矽谷奇才：
彼得・提爾的創業故事

矽谷是美國精英階層的代表，矽谷科技界人士被看作是美國的未來，這些人在捐款上的態度，明確地表達了精英階層對川普的漠視。不僅如此，很多科技界大人物還親自走上台，表達對希拉蕊支持的同時，也表達了對川普的不屑一顧。

在希拉蕊和川普競爭到白熱化階段的時候，美國一百餘位科技界人士、企業創始人、CEO 和高管曾發布聯名公開信反對川普。

在公開信中，這群科技界人士表示，如果共和黨總統候選人唐納・川普最終成為美國總統，那麼他將會成為「創新災難」。

公開信這樣寫道：「我們反對川普，他是一位分裂主義的總統候選人。我們想要一位贊同（自由主義、移民政策、少數族裔平權等）的候選人，這些理念創造了美國的科技行業、言論自由、接受新來者、機會平等、對研究和基礎設施進行投資、尊重法治。」

從這封公開信的字裡行間，我們能夠感受到科技界對於川普深深的敵意。在這封公開信發表之後，幾位科技界大人物又站了出來。

Facebook 的聯合創始人達斯廷・莫斯科維茨的妻子凱莉・圖娜承諾將要捐贈兩千萬美元，用以推進美國的民主事業，這當中一部分會拿出來捐給希拉蕊和她的競選活動。

LinkedIn 創始人里德・霍夫曼宣布，如果川普公開其納稅申報單（之前川普一直不肯公開納稅申報單，這成為很多反對者攻擊的焦點），他便拿出五百萬美元捐給美國老兵。

Facebook 的 CEO 雪柔・桑德伯格為希拉蕊捐贈二十萬美元，並直言不諱地抨擊川普和他的競選團隊。

矽谷創業投資公司 Kleiner&Perkins 的創始人約翰・多爾向希拉蕊的「超級政治行動委員會」捐贈六十萬美元，並表達對川普的不屑一顧。

蘋果公司的 CEO 提姆・庫克、特斯拉汽車的 CEO 伊隆・馬斯克、Google 創始人賴利・佩吉、Napster 的創始人西恩・范寧等幾位科技界的重量級大人物，也分別在不同場合表達對希拉蕊的支持以及對川普的反對。

第十章　站在唐納·川普的身邊

科技界普遍對川普持有反對的態度，美國另一個精英領域華爾街也是。華爾街雖然一貫以投機著稱，很少有大部分華爾街人明確站隊到某一位候選人的旗幟下的，然而這一次，大部分華爾街大亨都站到了川普的對立面。

令全世界金融界聞風喪膽的喬治·索羅斯是希拉蕊的堅定支持者，他明確表示對川普的不屑，並以他管理的索羅斯基金為名義，為希拉蕊大選貢獻了七百八十七萬美元的捐款。

「避險基金之王」、文藝復興科技公司創始人詹姆斯·西蒙斯是希拉蕊的堅強後盾之一，他向希拉蕊的競選基金捐贈了九百五十二萬美元，並沒有向川普捐一分錢。

華倫·巴菲特，投資界最有影響力、最受人尊敬的人，也旗幟鮮明地站到了希拉蕊這邊，公開對川普表示反對。

而紐約市前市長、彭博社創始人麥克·彭博是外界呼聲最高的政治人物，曾經有無數人要求彭博出來與希拉蕊和川普競爭，但這位極具人望的政治人物選擇了希拉蕊，彭博的發言人對外宣稱「彭博先生將以商界領袖和無黨派人士的立場表達對柯林頓夫人的支持。」

華爾街是代表著財富的精英階層，他們的反對對於川普來說也是致命的。在科技界和華爾街的雙重夾擊之下，如果有一個在這兩個領域都能夠站得住的頭面人物出來為川普站台，那無疑是他最需要的，而提爾就是這樣一個角色。

作為早前的科技創業者，「PayPal 黑手黨」的頭面人物，Facebook 的投資人，提爾在科技領域的地位毋庸置疑，而因為他創業投資者的身分以及他早年在投資界的經歷，提爾在金融界也有一定的影響力。所以，當提爾出來為川普站台時，雖然大部分精英仍舊不買帳，但對於那些容易受到精英人群影響的普通選民來說，卻有著極大的影響力和號召力。

正因如此，當得知提爾支持自己時，川普立即與提爾聯繫，想方設法地把提爾延攬到自己的競選團隊中來，後來雖然提爾並沒有成為川普競選團隊中的一員，但也不遺餘力地四處演講，幫助川普在科技界和投資界樹立聲望，拓展影響力。

最大的風險就是不冒風險！坐在川普身邊的矽谷奇才：
彼得‧提爾的創業故事

在共和黨集會上，在創業者大會上，在公開演講上，在各種各樣的場合，提爾不遺餘力地向人們表述他對於川普的信任和支持。沒有辦法統計提爾到底為川普拉來了多少選票，但有提爾這桿旗幟在，無疑給川普添了幾分底氣。

當反對者攻擊川普的政策都是「空談」，他所謂的改革沒有絲毫的可行性的時候，川普只要搬出提爾這面旗幟，讓人們看到這個代表著科技界和美國未來的創業者都站在他這邊，那些攻擊就自然被化解了。

提爾對川普競選的貢獻是難以量化但又毋庸置疑的，可以說因為提爾的參與，川普在劣勢的情況下添了幾分勝算，這當然是提爾願意看到的。然而，令提爾始料未及的是，對於川普的支持卻給自己帶來了無窮的煩惱，讓他瞬間成了眾矢之的，在一個民主的國家裡，支持自己所信賴的總統候選人難道不可以嗎？提爾怎麼就犯眾怒了呢？

第四節
巨大爭議，支持川普怎麼就犯眾怒了？

「我們只能認為彼得‧提爾的致富原因純屬巧合，畢竟從支持川普一事來看他真的沒長腦子。」這是在彼得‧提爾宣布支持川普之後，Thington 創始人湯姆‧克塔斯在社交網站上說的一句話。

矽谷所有人都認為彼得‧提爾這是瘋了，因為他支持了一個和矽谷精神完全不契合的總統候選人。

對於外界的批評，提爾一開始並非沒有準備，但當一切真的到來的時候，他還是嚇了一跳。他不知道，自己的行為居然招致了如此大的爭議，在一個民主的國家，支持自己信賴的總統候選人難道還有錯嗎？提爾不禁錯愕，自己生活的還是美國嗎？

從第二任總統約翰‧亞當斯開始，美國總統就是透過公開選舉產生的，擁有

第十章　站在唐納·川普的身邊

選舉權的人民可以任意支持自己喜歡的總統候選人。雖然，不同候選人的支持者之前經常會有互相嘲諷、攻擊的現象，但對於不同人的不同選擇，大家普遍還是比較尊重的。尤其在精英階層，幾乎不會出現因為支持不同的候選人而彼此之間詆毀的事情。但這一次，情況則完全不同。

讓我們看看，在得知提爾公開支持川普之後，整個矽谷對於提爾的抨擊和批評，這些聲音的尖利和刻薄，甚至蓋過了那些抨擊川普的聲音。

「彼得·提爾就像一個譁眾取寵的小丑，他賣弄他那早已經過時的『思想』，想要做一個異端，其實不過是在要把戲而已。」

「提爾現在已經家喻戶曉，知名度完全超出了科技界，他成功鞏固了自己『持不同意見者』的光環，而且現在還有 40% 的選民為他撐腰。」

「提爾是一個擁護法西斯分子、有嚴重種族歧視、性別歧視的畜生當總統的人。」

「看看彼得·提爾支持的人，我們能夠深刻感受到提爾內心的骯髒和陰暗。」

「我真後悔接受彼得·提爾的投資，來自他的每一分錢都讓我覺得噁心！」

看到這些話，我們很難想像僅僅是因為提爾支持了一個讓他們看不慣的總統候選人。要知道，即便是當年理查·尼克森（歷屆美國總統裡受較大爭議的一位）的支持者也沒有被人如此地抨擊過，提爾到底做了什麼讓人對他用如此惡毒的言語呢？

個中的蹊蹺有兩方面的原因，一方面在於川普在精英階層的爭議；另一方面才是提爾的行為（見圖 10-5）。

川普張揚的性格、誇張的行為、誇誇其談的言語、對少數族裔的漠視、對現實的無視，尤其是對於精英階層的不屑，幫助他在中產以下階層贏得選票的同時，也讓精英階層對其厭惡不已。

曾經有媒體和社會精英公開指出，川普根

圖 10-5　美國總統川普
充滿爭議的美國第四十五任總統唐納·川普

最大的風險就是不冒風險！坐在川普身邊的矽谷奇才：
彼得・提爾的創業故事

本就「不配」參選美國總統，他連站在希拉蕊對面都不夠格。在這樣的厭惡情緒下，川普的支持者被標籤化為「種族主義者」「愚昧的」「毫無頭腦的」「庸眾」，而對於他們來講，精英階層的一切態度都是不屑一顧、羞與為伍。

所以，即便提爾是一個普通的選民，只要他支持的是川普，就必然會遭到標籤化的攻擊。當然，這只是提爾受到攻擊的外部原因，更重要的原因在於提爾自身，也就是他扮演的社會角色。

精英群體認為，作為一個矽谷精英、科技創新代表人、典型的成功者，提爾就不應該和川普站在一起，而應該站在他們認定的代表著精英的希拉蕊陣營中來。他選擇支持川普，就是對精英階層的背叛。

如果我們將提爾作為「叛徒」來看，那麼，精英階層用多麼惡毒的言語攻擊提爾就都顯得「情有可原」了。

提爾到底「背叛」了什麼呢？首先是精英階層所代表的一些特質：自由、平等、公平、進步、科技、權利……

歐巴馬政府對內對外的建樹都不是很多，但依然備受精英階層愛戴，就是因為他在自由、平等、科技等方面表現得很好。歐巴馬被媒體評為美國最熱衷於科學的總統之一，與此同時，在對創新和創業的扶持上，在對環境保護的重視上，在對人類共同未來的思考上，歐巴馬政府都做得很好。

反觀川普，他漠視精英階層的訴求，明裡暗裡否認科學和技術，無視全球變暖，不尊重科技和網路創業，一味堅持重塑製造業……對於這些理念，精英階層無論如何也是接受不了的，不但不能接受，更是連提出來都讓人覺得是一種挑釁。而提爾不但接受了這些理念，還主動出來為川普站台，為他的執政理念辯護。

就以否認全球變暖為例，全球變暖所導致的生態危機不可謂不嚴重，因此，對於預防全球變暖，精英階層實際上已經達成了共識，並幾乎全部投身於其中。比爾·蓋茲、巴菲特、索羅斯、謝爾蓋·布林、提姆·庫克、伊隆·馬斯克、祖克柏這一大批人都在不遺餘力地向全世界宣傳生態危機的嚴重性，以及預防全球變暖的迫切性，而近十年全世界對於氣候問題的關注和舉措，在很大程度上就是

第十章　站在唐納‧川普的身邊

因為這些精英的推動才實現的。

　　精英們早就已經把預防全球變暖當作一項立足於人類未來的偉大事業，這項事業的正義性和必要性是不可置疑的，然而，他們當中的一個旗幟人物彼得‧提爾卻公然地站到了「人類未來」的另一面上，這無疑是他們接受不了的。

　　雖然，類似於祖克柏、馬斯克這種與提爾有私交的人不好在公開場合抨擊他，但那些和提爾關係不大的社會精英，則可以動輒舉起道義和公理的大旗，對提爾進行口誅筆伐。

　　另一方面，提爾支持川普的行為，背叛了精英們一直認可的社會道義──政治正確。

　　旨在保護少數族裔、平均社會權益的政治正確本身並不是一件壞事，它代表著對過去的救贖，預示著美國以及世界的未來。精英階層作為這個社會的締造者，不但是政治正確的提出者，也是推動者和護航者。

　　在歐巴馬執政的八年時間，對少數族裔的保護，對不同人群的照顧，可以說是美國歷史上做得最好的時期，對此精英階層十分滿意。然而，川普隱藏在深處的「白人至上」的觀念、對少數族裔的模式、對外來移民的排斥等，都讓精英階層極為失望和反感。

　　在競選之初，精英階層就已經給川普打上了「種族主義者」的負面標籤，可想而知，當提爾站到川普身邊時，抱著物以類聚的刻板印象的精英們對提爾的第一反應就必然是──「沒想到他也是一個種族主義者」。對待一個「種族主義者」，堅持政治正確的精英階層難道還需要用客氣的語言嗎？

　　而且，更讓精英階層覺得諷刺的是，提爾自己就是一個同性戀者，作為一個同性戀者，怎麼可以站到川普這樣一個毫不關心同性戀權益的人身邊呢？這無疑是對同性戀信仰的背叛。

　　也正因如此，在美國同性戀界影響力巨大的《擁護者》（The Advocate）雜誌公開對提爾進行抨擊，發表署名文章《彼得‧提爾讓我們看到，同性愛和同性戀之間是有差別的》，在文章裡，作者直言不諱地表達了對提爾的鄙視，並稱提爾「只是一個和男人上床的男人，而不是一個和男人擁有愛情的男人」，

最大的風險就是不冒風險！坐在川普身邊的矽谷奇才：
彼得・提爾的創業故事

在這本一向相對溫和的雜誌裡，這樣的言語已經近乎是謾罵的攻擊了。

由此可見，提爾不被精英階層待見，就是因為他支持川普的行為讓精英們認為他是對川普所有理念的贊同，而贊同川普的理念，就是對精英的背叛，對進步社會的背叛。

面對如此惡劣刻薄的抨擊，彼得・提爾一開始感覺有點無所適從，不知道大眾的反應為何那麼大，但很快他便意識到了問題的根源所在。那麼，意識到了問題的提爾會向精英大眾妥協嗎？在矽谷、華爾街的罵聲中，提爾會選擇何去何從呢？

第十一章
力挺川普,彼得‧提爾謀的是未來

最大的風險就是不冒風險！坐在川普身邊的矽谷奇才：
彼得·提爾的創業故事

第一節
不堅持自己，他就不是彼得·提爾

因為支持川普，彼得·提爾一夜之間成了矽谷的公敵，對提爾的口誅筆伐，在網路、媒體上似乎成了一種狂歡，所有人都在諷刺他、調侃他、攻擊他，把他比作矽谷中最惡毒的敗類。

站在川普的身邊會引發一些爭議，這是提爾之前想到過的，但他沒有想到爭議會這麼大。在洶湧如潮的惡評中，提爾一時間有點愣住，是不是自己真的做錯了什麼呢？提爾在思考這個問題，很快，他便得出了結論：自己什麼也沒錯，那麼，要怎樣去面對來自整個精英階層的攻擊呢？提爾選擇用兩種態度，第一是堅持自己的立場；第二是做必要的解釋。

對於提爾這樣的人來說，他內心所認定的選擇是沒有人能夠使他改變的，如果不堅持自己的想法，憑外界的人來影響他的選擇，那麼他就不是名震矽谷的彼得·提爾了。

所以，在冷靜了幾天之後，提爾又一次出現在了公眾的視野中，不但繼續支持川普，而且比以前投入了更大的熱情在川普的助選活動中。不僅到全國各地幫川普站台，更是坦然地站到了矽谷精英當中，向他們「推銷」他們最討厭的川普。

在2016年夏季的一次矽谷集會上，提爾出席並發表了演講，面對滿場的噓聲，提爾毫不掩飾他對於川普的支持，並號召矽谷精英們站出來和他一起投身到川普的陣營中來。

提爾難道不知道他此舉沒有任何作用嗎？他當然知道，其實他並沒有打算在矽谷為自己找幾個志同道合的人，而只是想藉此表明自己的態度。

「你們不是不讓我支持川普嗎？我還就支持給你們看，而且不但支持他，我還要在你們面前說他的好，還要讓你們眼睜睜看著我幫助他成為美國總統。」

第十一章　力挺川普，彼得·提爾謀的是未來

提爾的這種態度讓矽谷精英們目瞪口呆，他們以一種不可置信的表情看著提爾，就是在這種錯愕的眼神中，提爾體驗到了堅持自我的快感。

幾個月之後，在華盛頓舉辦的全國記者俱樂部上，提爾又故技重施。要知道，在美國大選當中，反對川普最強大的陣容除了矽谷、華爾街便是媒體人了。面對來自全國各地的媒體精英，提爾又發表了一通支持川普的演講。

在演講中，提爾大談川普身上的「反體制」特質，毫不掩飾地誇耀川普代表著「美國的未來」，這些話在媒體精英聽起來是那麼的刺耳。媒體精英的涵養要比矽谷精英好，他們沒有用噓聲招待提爾，但當聽到提爾這些話時，人人臉上表露出的依然是一種茫然和不屑。

在無數雙不屑眼神的注視下，提爾並沒有慌亂，他好像在 PayPal 的年會上一樣，意氣風發地敘述著自己的政治觀念怎樣和川普不謀而合。和矽谷的聚會一樣，提爾也沒有打算在這次記者聚會上獲得支持者，他要的就是表明自己的態度。讓所有人都看一看，即便整個精英階層都反對，他也依然會站到川普那邊。

提爾這種近乎「死豬不怕開水燙」的態度，讓他自己開心的同時，又讓精英階層更篤定了提爾「不可寬恕」的印象。在這種情況下，提爾立即使出第二招，那就是對公眾進行必要的解釋。

有句話叫「彪悍的人生不需要解釋」，從提爾創業和投資的經歷來看，他的人生足夠「彪悍」，但他卻不是一個不解釋的人。沒必要解釋的時候解釋，會被人看成是怯懦，但有必要的時候不解釋，則是一種愚蠢和魯莽，而提爾絕不是一個愚蠢魯莽的人。

為什麼要解釋呢？因為提爾不是一個「光棍」，他有多重的社會身分，他是企業高管、投資者、合夥人、行業領袖，他身邊能夠影響的人很多，如果不解釋，勢必會給這些人造成不必要的困擾，也給自己帶去不可挽回的損失，因此，雖然提爾堅持認為自己沒有錯，但該解釋的時候，提爾還是要解釋的。尤其是當一些人因為支持提爾的行為而被人攻擊的時候，提爾覺得他更是有必要對大眾做出解釋。

最大的風險就是不冒風險！坐在川普身邊的矽谷奇才：
彼得‧提爾的創業故事

Y‧Combinator 創業孵化器的總裁薩姆‧奧爾特曼是第一個站出來支持彼得‧提爾的人，他是提爾多年的好友，在提爾引起爭議的時候，他站出來說：「反對川普和理性對待支持川普的人，其實並不衝突。」

奧爾特曼這番表述，非但沒有平息大眾的怒火，反而給他招來了麻煩，一大群人開始蜂擁至奧爾特曼的社交平台上留言，對其攻擊和抵制。一看自己要「代人受過」，奧爾特曼趕快公開表明自己是希拉蕊的支持者，並且「強烈不贊同彼得‧提爾的行為，從未對哪屆選舉有過如此強烈的感覺。」

這個時候，大眾發現奧爾特曼確實一直站在希拉蕊的陣營裡，並且一度將川普比作希特勒，才最終放過了他。

對於奧爾特曼支持彼得‧提爾的後果，Facebook 創始人祖克柏顯然沒有看到，對提爾這位創業導師，祖克柏無論從什麼角度都要出來維護一下。

於是，在一封發給內部員工的公開信中，祖克柏這樣說道：「我們不能建立一種言行不一的企業文化，嘴上說著在意多樣化，回頭就把全國一半的人排除在外，只因為他們支持了某一位政治候選人。一個人可能會因為各種原因而支持川普，這可能與種族主義、性別歧視、排外思想或是否接受性騷擾無關。他們也許是因為相信一個規模相對更小的政府、一種不同的稅收政策、醫療衛生系統、宗教問題、槍支管理法律法規或者其他問題而不願意支持希拉蕊。」

可想而知，當祖克柏將這封公開信發給員工的時候，他一定會知道員工們會把它公之於眾。於是，在公眾的眼中，祖克柏又成了一個「支持種族主義、性別歧視、排外思想和對女性有無限低俗慾望的人」。

對提爾的攻擊又轉移到了祖克柏頭上，被網路暴力搞得一頭霧水的祖克柏不知道矽谷到底是怎麼了，無數人呼籲祖克柏，要不然就承認自己的「惡劣行徑」，要不然就與提爾決裂把他踢出 Facebook 董事會。

對於這種過分的要求，祖克柏當然是不會同意的，因此他也就讓自己陷入了短暫的風暴之中。

看著朋友因為自己遭受攻擊，提爾就不能不有所表示了，於是，在一次公開的場合，公眾們開始看到提爾用一種相對低姿態向公眾解釋他對於川普的客

第十一章　力挺川普，彼得·提爾謀的是未來

觀態度。

提爾表示，對於川普一些極具爭議性的言論，他自己也持有異議，對於同性戀人群、少數族裔，他更是沒有任何冒犯的意思，而川普對女性的評論更是讓他火冒三丈。但他並不是因為這些而支持川普的，他之所以支持川普也並非因為他不在乎這些，而是因為他認為，相對於其他候選人，川普的執政理念更加讓他信服，他也願意相信川普能夠給美國人帶來「新的希望」，為此他願意容忍川普在某些方面的言行。

而且，提爾認為媒體的預設立場有的時候會誤解川普的一些表述。媒體對於川普所發表的觀點和言論，並沒有「認真對待」，大多時候只是在糾纏「字面意思」，玩文字遊戲。在提爾看來，川普其實並不會真的像他表現出來的那樣傲慢，當然更不像媒體描述的那樣不堪。

提爾這種表示，在某種程度上平息了一些爭議，但對於大多數公眾來說，這樣還不夠，或者說大多數人仍然認為這是提爾在狡辯。為了表達自己的真誠，提爾又分別在幾次公開的場合做出相同的表述，並懇請公眾理解不同人可以有不同的政治觀點。

但無論提爾怎麼說，總是有大批的公眾表達對他的不滿和憤怒，對於這種完全沒有商量餘地的敵視，提爾最終也就只能選擇無視了。

總的來說，在這場巨大的風波當中，提爾努力地在堅持自我的選擇和請求公眾的理解中尋找一個平衡，雖然最終他失敗了，但他的努力也被一些人看到了。最終，他沒有說服公眾放過他，當然，公眾也沒有能讓他放棄對川普的支持。

一陣網路暴力之後，公眾仍然持有偏見，提爾仍然堅持著對川普的支持，留下的只是一些人對於美國民主的思考。

最大的風險就是不冒風險！坐在川普身邊的矽谷奇才：
彼得・提爾的創業故事

第二節
當彼得・提爾坐在川普身邊

　　從川普的支持者，到川普在舊金山地區的競選代表，再到川普全國助選主力，提爾在川普身邊的地位一而再，再而三地提升，這也說明了他對於川普的重要程度的提升。

　　終於，在川普成功贏得競選，當選美國第四十五任總統的時候，提爾成了川普最倚重和信任的一個人。

　　在競選成功之後，川普需要面對的是一個曾經反對過他的矽谷，雖然他在內心恨不得把這裡夷為平地，但他知道，沒有矽谷的配合，他總統的位置很難坐得安穩。因此，作為一個成熟的政治家，他必須放棄心中的憤怒和仇恨，轉而用笑臉來面對這些曾經的仇人，與他們和解。這個時候，川普需要提爾坐到他的身邊來，因為與矽谷和解最好的中間人莫過於提爾。

　　提爾把矽谷大人物召集起來很容易，他甚至無須動用自己的影響力，因為當選總統的邀請不會有人錯過。而提爾也心知肚明，雖然自己在矽谷的這些朋友在心裡一百個瞧不上川普，但在未來四年，他們也必須與川普合作，不然誰都不會有好果子吃。

　　換句話說，川普需要提爾幫助安撫矽谷的大人物們，讓他們放下對自己的戒心，而矽谷大人物們也需要提爾在中間替他們斡旋，改善他們在川普心中留下的惡劣形象。

　　就這麼一瞬間，提爾便從夾在川普和矽谷精英之間的夾心餅乾變成了人人都有求於他。

　　2016年十二月的一個星期三的上午，川普召集了矽谷大人物們到他的川普大廈進行通氣會，名曰「加深彼此了解」，實際上是對矽谷大人物們進行試探。在這次通氣會上，川普看到了一個個享譽世界的網路巨頭，就在幾天之前，這

第十一章　力挺川普，彼得‧提爾謀的是未來

些人還都站在他的對立面上。為了能夠震懾住這群桀驁不馴的精英，川普就更需要提爾的到場。

先讓我們看一看這份份量十足的名單，從這份名單中，讀者一定能夠感受到川普在競選的時候面臨多大的壓力。

微軟總裁和法律主管布萊德‧史密斯；

微軟 CEO 薩蒂亞‧納德拉；

亞馬遜 CEO 傑佛瑞‧貝佐斯；

Google 母公司 Alphabet 的 CEO 賴利‧佩吉；

Google 母公司 Alphabet 的總裁艾立克‧史密特；

Facebook 的首席財政官雪柔‧桑德伯格；

蘋果 CEO 提姆‧庫克；

甲骨文 CEO 凱芝；

特斯拉 CEO 伊隆‧馬斯克；

思科 CEO 羅卓克；

IBM 公司 CEO 維吉尼亞‧羅曼提；

英特爾 CEO 布萊恩‧科茲安尼克；

Palantir 公司 CEO 亞歷山大‧卡普。

現在，這些被邀請的人將帶著怎麼樣的心情聽川普在他們面前侃侃而談呢？是不屑？是懊喪？是憤怒？還是無可奈何？這群網路大人物裡面，有一個人無疑是帶著最輕鬆的心情的，那就是提爾。

在這次會議上，提爾被川普特意安排在了自己身邊，而在川普的另一邊，則是他的副總統麥克‧彭斯，川普對提爾的重視可見一斑。

開會的時候，川普侃侃而談，就像他在競選時的那樣，那群被邀請的矽谷大人物們則一個個面色凝重，沒有人說話，提爾則是聚精會神地聽著川普的講話，這種聚精會神的專注更讓人覺得他充滿了自信。

提爾偶爾會用餘光打量坐在桌子另一面的傑佛瑞‧貝佐斯的表情，貝佐斯是在大選的時候攻擊川普最狠的矽谷大人物，曾經在社交網站上把川普罵得狗血

最大的風險就是不冒風險！坐在川普身邊的矽谷奇才：
彼得・提爾的創業故事

噴頭，並表示可以免費用火箭把川普「送上太空」。現在，貝佐斯一副苦瓜臉坐在那裡。提爾想，如果能離開這裡，估計讓貝佐斯吃一隻蒼蠅他也會同意的。

看著自己曾經的戰友們這一副副倒楣相，提爾心中掠過了一絲快意，因為他們曾經如此不看好川普，以至於幾乎所有人都認為他支持川普的行為是瘋了，現在，事實證明了他沒有瘋，不但沒有瘋，他實則是個具有策略眼光的天才，他看到的未來，這群人沒有一個意識到。

不過，提爾這快意也只是輕輕地掠過，很快便散去了，因為接下來他要思考的，是怎麼利用自己的影響力來緩和川普與矽谷的關係。

提爾並不是一個特別大度的人，但他也不是一個小肚雞腸的人，況且，在矽谷對他一片聲討的時候，在座的很多大人物都站出來表達過對提爾的理解，現在，雖然他是勝利者，但他並不想讓整個矽谷都成為失敗者。

以川普的性格，提爾讓川普不報復那些曾經反對他的人是很難做到的，那麼要緩和彼此之間的關係，就要矽谷大人物們先來主動示好，至少要給川普一個台階下。

在這次會議之後，公眾們看到，這些網路大人物明顯收斂了對川普的惡評，而如亞馬遜、蘋果、Facebook 等公司，也慢慢開始表現出對川普的善意。我們不知道這當中有彼得·提爾多少的推動，但可以肯定的是，提爾一定在其中發揮了某種作用。

矽谷和美國科技界可能都沒有想到，這個當初被他們口誅筆伐的彼得提爾，會成為向川普總統傳遞他們的聲音，幫助川普理解他們，並試圖幫助他們在未來四年擁有更好未來的人。

其實有的時候，現實就是這麼諷刺，如果當初真的如他們所願，在一片口誅筆伐聲中提爾退卻了，那麼現在恐怕連一個在川普面前替他們說好話的人都不存在了。

提爾坐在川普的旁邊，這就是影響力，而透過這與眾非凡的影響力，提爾能為矽谷，為科技界，為社會做的事情還很多。

2017 年，在川普正式就任總統之後，提爾隨即成為總統幕僚的一員，在科

技和創業領域發揮著巨大的影響力,並且一度有聲音傳出川普已經邀請提爾成為他政府中的一員,對此提爾還在考慮。

無論是政府正式的組成人員也好,是川普的幕僚也罷,可以預見的是,在未來的四年或八年時間裡,提爾將成為川普在科技和創業領域最倚重的智力支持,而在整個矽谷,提爾的話語權也一定是最大的,提爾說話的份量也一定是最重的。

無與倫比的影響力可以讓提爾將自己的一貫理念傳遞給川普,甚至直接影響到政府的決策。比如,提爾主張對未來科技進行研發,這一點恰恰是川普所一貫不屑的,如果沒有提爾在一旁發揮影響力,可以想像,川普任內必將縮減政府在這方面的投入,讓科學研究工作發生挫折。

再比如,提爾本身是一個環保主義者,而川普並不是,這個時候,面對嚴峻的環境保護形勢,提爾又必須發揮他的影響力,讓川普對環保重視起來。

類似於這樣的事情,如果提爾不去做,或者沒有提爾這樣的一個人存在,川普就很可能不會去關心。而恰恰是因為有提爾的存在,才讓一切朝著正常的方向發展。

不過,提爾也絕非是一個完全無私的人,他可以利用自己的影響力幫助矽谷,幫助科技界,幫助環保人士,但他更重要的還是要用影響力為自己謀取一定的利益,那麼,川普能夠帶給提爾什麼好處呢?

第三節
川普會給提爾帶來什麼?

論功行賞,這是每一個勝利者都必須要做的事情,美國大選一貫有酬獎「競選功臣」的慣例,當年老約瑟夫·甘迺迪(甘迺迪家族最開始的發跡者)之所以能夠從一個商人一躍成為駐英大使,就是因為他在羅斯福競選總統的時候提供

最大的風險就是不冒風險！坐在川普身邊的矽谷奇才：
彼得·提爾的創業故事

了大量的援助。現在，川普當選了總統，他當然要對幫助他的人進行獎勵，這當中自然就包括了為他和整個矽谷鬧翻的彼得·提爾。

川普能夠為提爾做什麼呢？提爾對川普的影響力是一方面，另一方面，實質性的酬勞也必須要有。川普有意讓提爾在政府中出任某個重要的職務，但對此提爾還在猶豫，不過，在提爾猶豫的時候，川普已經提拔了提爾的幾個夥伴和員工進入政府，就算是對提爾的先期獎勵了。

提爾的一個朋友兼合夥人，耶魯大學的電腦科學家大衛·哥倫特獲得了總統科學顧問的職位，這個職位可以被看作是總統在某個領域的高級參謀，對政策的制定和執行有極大的話語權。對於一個科學家來說，能夠在自己的履歷上寫下這樣一條，無疑是一個巨大的榮耀。

提爾的另一個朋友，並且在他的創業投資公司擔任合夥人和常務董事的吉姆·奧尼爾被任命為食品和藥品監督管理局官員，這是美國科學向實踐轉化的領域最重要的一個行政機構。

提爾的助手凱文·哈靈頓被提名進入國家安全委員會，這個提名毋庸置疑是十分重要的。而提爾在大數據公司 Palantir 的助手特雷·史蒂芬斯則被提名進入五角大廈，負責對國防部的轉型提供智力支持。馬克·屋爾維，提爾在 PayPal 時的親信，則進入財政部工作。

不僅僅是人事安排，川普對提爾的犒賞還有實實在在的真金白銀。有媒體指出，川普會給予提爾直接的回報，就是讓數據分析公司 Palantir 拿到更多的政府合約。正如我們之前所說的那樣，Palantir 公司本來就在該領域具有壟斷性的地位，因此，川普給它再多的合約也不過是順理成章的事情，這絕不能算是勾結，但在職權範圍之內，他還是能夠讓提爾獲得盡量多的金錢收益。

不過，如果我們認為提爾之所以力挺川普，要的就是這些權力和金錢的話，那麼我們就大錯特錯了。作為一個思想意識超前，有著旁人根本無法企及的投資理念的人，提爾要的並不僅僅是金錢和權力，他支持川普的目的就像他說的那樣，謀的是未來。那麼在川普當選之後，他要的便是川普帶給他一個更好的未來，或者說幫助他去創造實現未來的機會。

第十一章 力挺川普，彼得·提爾謀的是未來

提爾要實現的是什麼呢？我們從提爾這幾年所投資或建設的一些項目上就能夠看出端倪來了。

首先，人工智慧。提爾是一個篤信人工智慧的人，他雖然沒有自己主導開發的意思，但卻資助了好朋友伊隆·馬斯克所主導的非營利性人工智慧研究機構 OpenAI，這個機構初步融資十億美元，提爾是主要贊助者之一。

不僅如此，在向伊隆·馬斯克投資之前，提爾還向其他研究機構進行過投資，這些研究機構雖然大部分不是由政府主導，但可以想見的是，在研究的應用以及相關法律法規制定方面，政府是一定會扮演關鍵角色的，而一旦有需要政府出面的時候，提爾必然願意川普能夠授權他按照自己的意圖，去規劃一個人工智慧的藍圖出來。

其次，抗衰老研究。提爾是一個有趣的

> **美國競選酬謝制度**
>
> 無論是多麼讚頌民主制度的人，都無法否認民主選舉是一場燒錢的活動，每一個競選人想要脫穎而出都需要大量的資金。
>
> 競選資金往往由社會募集，在競選人當選之後，自然要以各種方式回饋幫助自己獲勝的人或群體，這就是競選酬謝的潛規則。
>
> 作為世界上最大民主國家的美國，其競選酬謝制度當然是最完善的。美國的競選酬謝有很多方式，最直接的就是讓大捐贈者進入政府，或者充當總統幕僚，來影響國家政策的實施。此外，還有發表對捐贈者有利的政策，以政府行為對捐贈者的事業進行支持等。

人，他篤信人類能夠像戰勝疾病一樣戰勝衰老。為此，他投入了大量的金錢到生命科學的研究當中。他的捐贈對象包括瑪土撒拉（《聖經·創世記》中人物，據傳活到了九百六十五歲）基金和 SENS 探索基金等研究機構，用以對人類抗衰老進行研究，提爾迫切希望這些研究能夠早日出現成果，並付諸實踐，因為他本身是一個打算活過一百二十歲的人。

而且，提爾甚至做好了兩手準備，如果生命科技的進步不如他想像中的那麼迅速，他決定將自己的身體冷凍起來，然後等未來研究出延長人壽命的方法後再進行解凍，為此他還與低溫技術研究公司 Alcor 簽訂了「冷凍協議」。

生命研究是好事，但以人類長生不老或者抗衰老為主題的研究，必然會遭遇一些倫理和法律問題，當這些問題出現時，裁決者必然是政府。政府也可以

最大的風險就是不冒風險！坐在川普身邊的矽谷奇才：
彼得·提爾的創業故事

對潛在問題進行預防，限制研究進入某個領域，就像當年人的胚胎克隆一樣。對此，提爾如果能夠享有話語權，他或許可以讓事情朝自己想的那方面偏轉一些。

海洋家園研究所也是提爾重點關注的一個領域，這是一個致力於在公海的海洋平台上促成自治的可移動社區的機構，彼得·提爾投資了五十萬美元進去，並且還要繼續追加投資。提爾的目的是以和平、可操作的方式來驗證一些烏托邦式的政治設想，而這些也需要政府在背後的支持。

提爾說道：「當海上家園成為一種可行的選擇後，從一個政府更換到另一個政府你只需要航行過去就行了，甚至都不需要離開你的房子。」這話聽起來很有趣，但想實現這一步還很遙遠。

已經是億萬富翁並有極高聲望的提爾，需要的當然不是錢，而是對未來的偉大暢想，這些暢想哪怕只實現一個，對人類世界也是一個極大的改變。這些不僅僅是商業機構、公益基金能夠實現的，更不是幾個億萬富翁、幾個科學家能夠實現的，如果沒有政府背景，這些當然是完不成的。

「第一流的創新是那種你一眼看到就能明白的，就像阿波羅計畫、高速公路系統、曼哈頓計畫……這些發明能將人類帶到更高級的文明層次。」提爾這樣說道。但與此同時，他認為美國現在已經走上了錯誤的道路，必須從政府的層面上改變這種狀況，提爾說：「雖然矽谷靠創業做軟體賺了很多錢，但矽谷只是個小地方，我們要站在更高的角度去思考。我們國家的債務越來越多，而華爾街正在製造更多泡沫──從政府債券到希拉蕊的演講。」

提爾要川普給他的是一個他可以掌握的或者影響的未來，而不是把自己的未來交給自己不相信的政客手中。如果僅僅是為了錢和權力，作為億萬富翁的彼得·提爾是斷然不會為了川普與整個華爾街乃至於美國精英階層翻臉的，所以我們說，提爾力挺川普，謀的其實是未來，美國乃至他自己的未來。

第十二章
彼得‧提爾的預言：未來是屬於中國和美國的

最大的風險就是不冒風險！坐在川普身邊的矽谷奇才：
彼得・提爾的創業故事

第一節
一個對中國感興趣的悲觀論者

2015 年，成都市世紀城路二零八號世紀城假日酒店人頭攢動，很多人都在等待著一個人的出現，他就是彼得·提爾。提爾來到成都是應主辦方的邀請參加「全球互聯網＋創投峰會」，並在會議上發表以創業為主題的演講。

彼得·提爾，PayPal 的創始人、Facebook 的第一個投資者，矽谷黑幫大人物，全球最具有個性的創業投資人，光這些噱頭就足以讓中國的網路創業者瘋狂了。當天，聽提爾演講的門票最便宜也在一千元人民幣上下，能夠獲准與提爾交流的 VIP 門票更是高達上萬元人民幣。

當聽到這個數字之後，連提爾自己都震驚了，他不知道自己在中國具有這麼高的人氣，當然，僅僅幾分鐘他便平靜了，因為他意識到了，自己的人氣之所以高，是因為中國正瀰漫著強烈的創業熱潮，每個人都在為網路財富而瘋狂。

這不是彼得·提爾第一次來中國，其實在很久之前，提爾就對中國產生了濃厚的興趣，他也曾近距離觀察過中國社會以及中國企業，而這一次，更是給他近距離接觸中國創業者提供了機會。

離開成都之後，提爾又輾轉了中國好幾個城市，見到了形形色色的人，這讓他對中國的興趣更加濃厚了，與此同時，他也產生了一些自己的判斷。

作為一個創業投資人，提爾永遠是瞄準於未來趨勢的，因此他對中國最感興趣的是中國的未來。

「中國是全球化最成功的國家，這是毋庸置疑的。」彼得·提爾這樣說道，他認為中國乘上了全球化的東風，是過去一段時間最成功的國家。

提爾說：「我認為對中國過去的二十年或三十年而言，全球化是極其重要的趨勢。這種趨勢會繼續，但不會再那麼重要，可能中國正從出口模式轉向消費導向的社會。如果僅看歷史，你會得出結論，一切都在全球化，除了全球化

第十二章 彼得·提爾的預言：未來是屬於中國和美國的

別無其他。」

提爾驚羨於中國在過去取得的成就，並認為中國能夠在短時間內成為一個如此成功的國家，必然是有著其他國家無法比擬的東西。

如果在全球化上面再加上一個網路浪潮，那麼中國更是一個善於藉助時代大勢的國家。提爾坦言，中國過去的成功創造了一個又一個的成功企業和成功個人，他們創造財富的過程都很有趣，也很令人驚奇。

以中國這個時代的創業偶像馬雲為例，根據馬雲的說法，在1995年進行第一次網路創業的時候，他和妻子能夠拿得出的全部積蓄就只有六千元人民幣，為了創業還曾經賣掉一些家具，創辦中國黃頁（馬雲的第一個網路項目）的資金來自三個人。但是到了1999年馬雲創辦阿里巴巴的時候，他已經在湖畔花園擁有了一棟一百二十坪的大房子，阿里巴巴的創業資金是五十萬元人民幣，在當時算得上一筆不小的資本了，但馬雲已經可以輕而易舉地拿出來（阿里巴巴的創業資金是由十幾個人集資，但馬雲曾坦言他自己完全可以負擔得起，之所以讓大家集資是另有目的）。

1995—1999年，四年的時間裡，馬雲已經從一個普通人變成了有錢人，他的第一桶金已經賺到了。不過，真正讓馬雲的財富開始急遽增加的是在阿里巴巴成立之後。

1999年四月阿里巴巴成立時還只有五十萬元人民幣，到了十月，阿里巴巴就獲得了先期五百萬美元的投資，接著是來自軟銀的兩千萬美元投資，阿里巴巴迅速從一個「車庫公司」膨脹成了「金錢帝國」。到2000年時，阿里巴巴市值已經超過一億美元，此後的十五年，阿里巴巴的市值每年都在以成倍的速度上漲著，到今天，阿里巴巴已經成為市值超過兩千億美元的金錢巨無霸。而擁有阿里巴巴8.9%股份的馬雲則以兩百二十七億美元的身價成為亞洲首屈一指的富豪。

從六千元人民幣到兩百二十七億美元，在二十年間，馬雲的個人財富增值了兩千四百萬倍，這就是一個典型的時代的成功者。

對於這些成功的故事和成功的企業，提爾表達了自己的興趣和尊敬，然而

最大的風險就是不冒風險！坐在川普身邊的矽谷奇才：
彼得・提爾的創業故事

緊接著他話鋒一轉，開始了對中國模式的批評。提爾直言不諱地說道：「我對中國當下的科技領域沒有任何投資的興趣，原因很簡單，它們只是簡簡單單的複製。」

提爾認為，人類社會的進步由兩種模式驅動，一種模式是橫向發展，也就是複製某種可行的模式，然後在一個大的環境下進行推廣；另一種模式是縱向的發展，就是不斷在原有模式下進行附加的創新嘗試。

為此提爾舉了一個例子，如果有了一台打字機，然後研究它的構造，在弄懂一切之後又造了一百台，這就是橫向發展模式；如果有一台打字機，你用它來進行文字處理，然後研究出了別的功能，這就是縱向發展模式。

人類社會的深層次進步需要縱向模式來驅動，而中國的發展，走的則是橫向驅動的道路。換句話說，中國的成功從某種程度上說就是把其他國家先進的產品複製到國內，大到城市規劃小到家用電器。

在這裡，提爾毫不客氣地使用了「複製」這個詞，從這個詞上，我們能夠明顯感覺到提爾對於中國模式的漠然和不屑。

而且，提爾還進一步批評中國，正是因為這種「複製」，導致了資源的浪費、環境的惡化，而這一切，都已經有了教訓在前面，中國依然毫不猶豫地這樣走下去，這就不免讓人產生反感了。

「中國的未來二十年計畫就是成為美國的今天，這就意味著，現在投資中國的科技產業，等於投資美國過去的科技產業——或者反過來說，既然可以在美國投資代表未來的技術，為什麼要去中國投資美國現在已經有的技術呢？」提爾這樣反問道。

對於這個問題，如果一時半會兒找不到答案，就必須承認，提爾說的是對的。

為了印證自己的觀念，提爾還舉了富士康與蘋果的例子。

「我們可以看到蘋果獲取了價值鏈中的絕大部分價值，而富士康相對獲利微少。蘋果的價值七倍於富士康（見圖12-1）。」

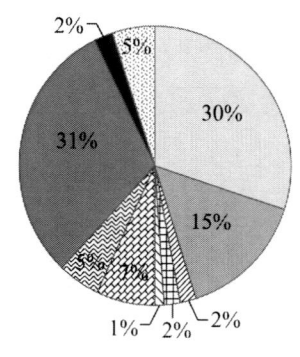

第十二章　彼得·提爾的預言：未來是屬於中國和美國的

儘管，隨著網際網路產業的興起，中國經濟占全球經濟比重越來越重，中國在全球經濟中扮演的角色越來越重要，但因為經濟模式的問題，中國仍然處於全球產業鏈條的下游。
中國經濟如果想要獲得發展成就，就必須依賴於模式的轉變，這也是彼得·提爾對中國經濟持有疑慮的原因。

圖 12-1　蘋果產品成本與全球利潤分配比例

「一種可能性是價值主要由研發和品牌環節獲得，即蘋果公司獲得；而製造環節創造的價值少得驚人。另一種可能性是智慧手機極其特別，比起其他產品，智慧手機的品牌和研發更重要，而汽車或者其他產品，製造仍占據中心地位。但是我想，高附加值在哪裡，誰最有能力獲取，誰更有議價能力，是超級重要的問題，需要經常思考的。」提爾這樣說道。

話裡話外，提爾透露出的依然是對簡單「複製」的生產模式的憂慮，如果中國僅僅只能「複製」的話，有什麼投資的必要呢？提爾這樣反問。

而且，拋開科技領域的投資不談，提爾對中國的整體現狀也有自己的見解。提爾認為人的認知有四種狀態：確定的樂觀、不確定的樂觀、確定的悲觀以及不確定的悲觀。

對未來持確定樂觀的人，他們認為未來是可以預料到的，並且透過個人的努力可以讓未來變得更好；

對未來持不確定樂觀的人，他們認定未來會變得更好，但是具體到他自己，卻不知道自己該怎麼做；

對未來持不確定悲觀的人，他們認為未來可能會變差，而自己也沒什麼好做的；

對未來持確定悲觀的人，他們認為未來會變差，所以要有所準備，讓自己免於被變差的未來拖累。

最大的風險就是不冒風險！坐在川普身邊的矽谷奇才：
彼得‧提爾的創業故事

提爾是憑藉什麼把現在的中國歸類到「確定的悲觀」這一類呢？他認為，現在中國的發展非常迅速，世界上很多國家都在擔心「中國崛起」，但只有在中國，人們會擔心自己萬一無法崛起怎麼辦。所以很多中國人開始把錢轉移到海外。

提爾的說法不可謂沒有道理，那麼既然如此，投資中國已經完全沒有必要了，他為什麼還會對中國持有樂觀的興趣呢？這是因為，在提爾看來，中國商業世界的現狀可能存在各種各樣的問題，但中國網路的潛力無疑是不可限量的。

第二節
「中國網路的潛力是無窮的」

「這個世界上一共有三個網路：英語版的網路、中文版的網路、其他。」當彼得·提爾這樣說時，千萬不要以為他是在討好中國人，事實上，提爾真的是這樣認為的。

對於中國網路世界的強大，提爾不無羨慕地說：「中國網路的體量實在是太大了，以至於中文網路世界都能夠媲美由幾十個國家組成的英文網路世界了（見圖12-2），如果一個創業者征服了中國網路世界，那麼他離征服世界也就不遠了。而征服中文網路只需要在中國這一個國家，其他語種都沒有這種便利。」

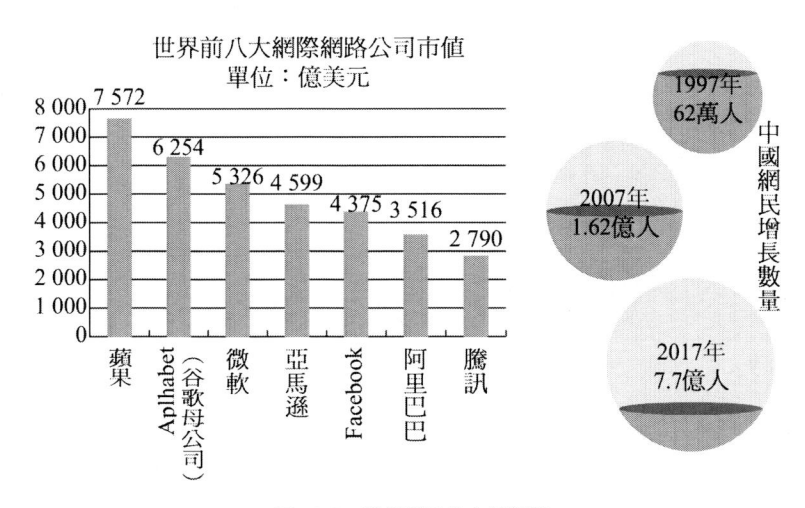

第十二章　彼得·提爾的預言：未來是屬於中國和美國的

圖 12-2　蓬勃發展的中國網路

中國網路體量有多大呢？提爾引用了一些數據，這些數據別說讓美國的創業者震驚，就連中國人看了都會震驚。

2016 年，中國網站總數超四百萬個，中國網民規模超過七億人，其中移動網路網民規模超過 6.5 億人，中國網民日均上網超過 3.6 個小時，這幾項都是排在全世界第一位的。中國網路經濟占 GDP 的百分比超過 7%，這個數字甚至超過美國，中國網路購物規模超過 3.6 億人，網路影片、網路音樂、網路文學、網路遊戲等用戶規模超過 4.8 億人。

如此龐大的體量導致了一個什麼優勢呢？那就是無論何種方式的網路創新，都能夠在中國找到試錯的「試驗田」，在別的國家還尚處於論證階段時，中國網路已經完成了初步試驗並開始實操和疊代了。

體量大的優勢締造了中國網路企業井噴似的發展，對此提爾明言，即便他對阿里巴巴這樣的企業並不感冒，但也不得不承認他們確實非常強大。

對此，一組數據證實了提爾的感覺。《經濟學人》雜誌發布報告：2016 年全球獨角獸公司（市場估值十億美元以上、由風投資金支持的未上市公司）的分布以中美兩國為主，全球有三分之二的獨角獸公司來自美國，九分之二來自

最大的風險就是不冒風險！坐在川普身邊的矽谷奇才：
彼得‧提爾的創業故事

中國，而來自其他國家和地區的只有剩下的九分之一。

　　從事網路創投工作的提爾當然知道獨角獸公司意味著什麼，它意味著一個市場對於網路前景的樂觀程度，意味著資本市場對於網路發展的介入，在這一點上，中國這個發展中國家已經走到了可以和美國媲美的地步，這難道還不能說明中國網路的強大潛力嗎？

　　提爾認為，中國網路另一個偉大的潛力在於中國用戶對於新事物的接受能力。提爾表態，最近幾年，中國人非常熱衷於嘗試新的網路產品，這讓中國成了世界網路技術轉化應用最迅速的國家。有關於這一點，我們從手機購物和移動支付上就能一窺端倪。

　　2016 年，畢馬威發布《中國的網購消費者》調查報告，在中國受訪者中，有 90.4% 的人在過去一年裡曾經使用智慧手機在網上至少進行一項購物，而同一時期，美國的數據是 74%、英國的數據是 74.6%，全球數據則是 69.9%，中國遙遙領先於全世界。

　　僅僅就在五年之前，移動支付在中國還是一個誰也不懂的詞彙，但現在，連街邊賣零食水果的小販都懂得使用支付寶和微信了，這種迅速的擴散力量，讓包括提爾在內的所有網路從業者驚羨不已。

　　「PayPal 最開始拓展開來依靠的是企業的力量，而中國的網路支付，依靠的卻是普通消費者的力量，這確實足夠驚人。」提爾這樣說道。

　　作為一個曾經用網路支付創業並獲取第一桶金的人，提爾當然知道這種差別意味著什麼，所以，他才會高調地得出結論，雖然從目前來看他並不打算投資於中國網路企業，但未

畢馬威

　　畢馬威（KPMG），全球四大會計師事務所之一，是一家總部設在阿姆斯特丹的商業服務機構，其網店遍布全球，專門為企業提供審計、稅務和諮詢等服務。

　　畢馬威在全球一百五十六個國家擁有十五萬名員工。專業人員超過九千名。畢馬威在商業領域擁有強大聲譽，其極強的商業研究團隊和積累的豐富商業實戰經驗，幫助他們成為商業服務和諮詢領域的旗幟性企業，每年畢馬威公司都會對商業領域進行研究，並做出各種各樣的報告，這些報告無論對於政府還是私營企業都有極大的參考價值。

來卻「只屬於中國和美國」。

面對擁有如此巨大潛力的市場,提爾如果不從中分一杯羹他便不配成為一個創業投資者了,但在下決心投資於中國網路領域之前,提爾表現得還是尤為謹慎。

提爾的顧慮是多方面的。首先,中國網路市場潛力巨大,但這種巨大的潛力能否催生偉大的企業呢?其次,中國仍然是政府主導型經濟,政府對於經濟的干預程度很深,這會不會給投資帶來隱性的風險呢?最後,中國模式並不被提爾所看好,那麼未來這種模式還將延續下去嗎?

提爾從2015年表達對中國網路的興趣,到2017年仍然堅持在一旁觀望,這三年時間他幾乎每年都要來中國很多次,每次都會與中國網路領域的精英們深入地交流,他提出了很多自己的觀點,卻一直沒有實際行動,這讓人懷疑,提爾是不是也有些謹慎過頭了。

但在提爾看來,謹慎是絕沒有錯的。美國是一塊他熟悉的土地,在矽谷裡他擁有很多人不可比擬的人脈,他了解美國網路世界的法則,甚至他自己就是法則的制定者之一,因而他敢於在美國網路市場上翻雲覆雨。

對於中國,提爾則還要加深了解,雖然他來中國的次數越來越多,頻率越來越高,但到底什麼時候把錢掏出來投向中國的創業者,這還需要再好好地考慮。

而且,提爾篤信「逆向投資」的法則,當所有人都認為中國網路領域大有可為,所有的國際熱錢都湧向中國網路領域分一杯羹的時候,提爾反倒要讓自己冷靜下來。

因為篤定了中國網路的潛力是無窮的,提爾在心裡實際上已經為中國的創業者留下了一個重要的位置,至於這個位置給誰,提爾還要再繼續觀望下去。至少從目前來看,他還沒有找到一個他所認定能夠成為時代寵兒的創業者,在未來,這個創業者會是誰呢?答案只有等提爾自己去揭曉了。

最大的風險就是不冒風險！坐在川普身邊的矽谷奇才：
彼得‧提爾的創業故事

第三節
別複製別人，「所有的成功都是不同的」

提爾有一點和中國的創業偶像雷軍是類似的，那就是在做創業投資的時候，更多的是看人而並非創意。

除了經營小米手機，雷軍還投資了很多創業企業，如 UC、凡客誠品、樂淘、多玩、知乎、積木盒子等，這些企業都有一個共性，那就是創始人都是雷軍的朋友。雷軍看人是不熟不投，而提爾則是看不中的人不投。

作為一個創業者，提爾對成功或潛在的成功企業有自己的判斷，而判斷的第一個標準就是，創業者必須要有「遠見」，要懂得創新。

在一次與今日資本總裁徐新的高端創業對話中，提爾曾經直言不諱地說：「我不覺得公司是能瞬間建立起來的，如果你創業並且想讓公司立刻就成功，那是非常糟糕的想法。團隊成員之間總是有之前的歷史，可能你認識這個人已經好幾年的時間了。我們 PayPal 的核心團隊之前已經認識三四年了，我們總是相互交流，所以我們在一起的時候知道每個人的優勢和不足之處。很難和陌生人一起來開創一個公司。創始團隊成員多少要有一點瘋狂，我們不是要強調瘋狂的部分，但確實得有一定的瘋狂，他們會有打破常規的思維。」

打破常規的思維，就是去做那些別人想不到也看不到的事情。對於提爾的話，徐新舉了京東創始人劉強東的例子，說提爾需要的是「第一個做這件事情的人」，而做第一個實際上是一種「殺手的本能」。

提爾認為，網路世界乃至於整個商業世界，能夠取得偉大成就的人，一定要擁有這種「殺手的本能」。

其實，從提爾的創業經歷我們就應該能預料到，他就是徐新口中的「殺手」。專門去做那種別人想不到，或者不敢去嘗試的人。創辦 PayPal，創辦 Palantir，投資 Facebook，提爾一直在做所在領域的第一個。

第十二章　彼得·提爾的預言：未來是屬於中國和美國的

做第一個有什麼好處呢？那就是你可以用較小的投入換取極大的收益。無論是 PayPal 還是 Palantir，抑或是投資 Facebook，在事後都有人認為這不過如此，尤其是投資 Facebook，區區五十萬美元的創業投資，實在算不上大手筆。

但是，提爾就是用這五十萬美元換回來數十億的回報，原因就是因為他是第一個。

在提爾看來，無論投資還是創業都需要這種突破現實的遠見卓識，而一個人一旦決定去突破些什麼，其實是很容易就能夠做到的。

提爾說：「人們下定決心、白手起家之時，創新就會產生。一個毫無經驗的人做一項不熟悉的工作，可能會創造出連專家都從未想到的發明。從這個意義上說，很多不同的人進行小規模的創業可能是有利的。重要的是他們要做不同的事，而非以同樣的方式在同一事業上競爭。」

提爾的話，清楚地表達了他想要的投資對象應該是怎樣的創業者，但令他失望的是，在中國他所看到的，大多都是在模仿別人的創業者。

「迄今為止絕大多數的公司都是模仿性的，只有很少的公司進行過大的創新。我想說的是，那些特別有價值的公司，大部分都是能夠做出大的突破的公司。」提爾這樣說。

提爾的說法給中國的創業者敲響了警鐘，如果所有的創業總是在複製別人，那並非不會成功，但會加大成功的難度。因為在模仿的道路上，競爭是無比激烈的，有誰能夠保證自己一定能夠在競爭中脫穎而出呢？

中國的創業者喜歡模仿，這向來不是什麼祕密，曾經就有一個笑話來調侃：

有一個中國人和一個猶太人共同來到一座城市，中國人在城市的東邊開了一家洗車店，猶太人在城市的西邊開了一家洗車店，雙方經營得都很好，賺了不少錢。

不久之後，另一個中國人和另一個猶太人來到了城市。猶太人在西邊發現人們來洗車的時候，常常需要等待，於是他就在同胞的洗車店旁邊開了個餐館。不久就生意鵲起，不少人即使不修車也願意光顧他這家餐館。

最大的風險就是不冒風險！坐在川普身邊的矽谷奇才：
彼得·提爾的創業故事

而在城東面，另一個中國人也發現了洗車的人在等待這個問題，於是就在街對面複製了一家洗車店。為了招攬顧客，他按照旁邊同胞洗車的價格加上一些優惠，這樣兩家就開始了競爭。不過洗車的人總是多的，競爭之下也能過得去。

又過了一陣子，中國人和猶太人源源不斷地來到城市。在城西，猶太人開設了超市、酒吧、咖啡館、住宅、購物中心……就這樣，城西邊形成了繁榮的社區。而中國人所在的東邊呢？則變成了洗車一條街。

模仿的後果是讓同質化競爭越來越嚴重，最終不是一方用極大的代價占領市場從而贏家通吃，就是雙方付出慘重的代價形成寡占市場，這對於資本不夠雄厚的創業者來說，無疑都是非常艱難的選擇。

也正因如此，提爾明確地告訴創業者，「不要去試圖複製別人，所有的成功都是不同的。」因為複製就意味著激烈的競爭。

提爾和管理學大師麥可·波特有一樣的理念，他們認為制定企業策略的首要任務就是如何避免競爭，只有不競爭的企業，才能夠更從容地發展壯大。

經濟學提倡競爭，因為競爭對市場和用戶有利，但從企業的角度講，競爭卻往往成為限制企業發展的瓶頸。

提爾說：「在完全競爭的狀態下，從長期來看，沒有公司獲得經濟利潤。與完全競爭相對的就是壟斷。雖然競爭性企業必須按照市場價格進行銷售，但是壟斷企業擁有市場，因此可以自己設定價格。由於沒有競爭，

麥可·波特

麥可·波特是哈佛大學商學研究院著名教授，是當今世界上少數最有影響的管理學家之一。

麥可·波特曾經在雷根政府內任產業競爭委員會主席，開創了企業競爭策略理論並引發了美國乃至世界的競爭力討論。他先後獲得過大衛·威爾茲經濟學獎、亞當·斯密獎，五次獲得麥肯錫獎。

麥可·波特博士獲得的崇高地位源於他所提出的「五種競爭力量」和「三種競爭策略」的理論觀點。

其中「五種競爭力量」分別是：供應商的議價能力、購買者的議價能力、潛在競爭者進入的能力、替代品的替代能力、行業內競爭者現在的競爭能力。「三種競爭策略」分別是：總成本領先策略、差異化策略以及專一化策略。

因此它可以按照利潤最大化的數量和價格組合進行生產。」

透過創新實現壟斷,這是提爾給創業者指出的成功之路。這個時代,無數有志於成功的人起來創業,他們當中大多數人最終銷聲匿跡,只有少部分人獲得了最終的成功,而提爾過去做的,就是始終和這少部分的成功者站在一起,因而他更明白成功靠的是什麼。

不同的成功,都是從對小市場的壟斷開始。創業者很難去一個大市場壟斷所有業務,但卻可以在一個細分的小市場裡面,盡量獲得最大的份額。

作為一家智慧手機製造商,你很難去大市場上和蘋果、三星搶奪市場,但如果你在某一方面做得出色,你一樣能夠在自己的領域裡實現壟斷。

第四節
彼得·提爾給中國創業者的啟示

對於一個將未來的目光投向中國的創業投資人,彼得·提爾有理由比其他人對中國抱有更加熱切的期望,他也更願意看到中國的創業者能夠盡快成長,在人群中脫穎而出,成為他所傾慕的那類創業者。

2015—2017年這三年間,提爾在中國參加各種活動,不遺餘力地向中國創業者介紹他的經驗,並試圖對中國創業環境進行影響。演講、出書、座談、採訪……提爾造訪了很多城市,見了很多創投圈的精英,他談了很多矽谷故事,也總結了很多中美之間的相同與不同。

首先,作為一位享譽網路世界的投資人,提爾的投資邏輯是最值得參考的,不但中國的投資者可以從他那裡取經,中國的創業者也可以從中得到啟示,比如哪一類的創業項目更容易得到投資。

提爾講,對於一個創業項目是否值得投資,他通常會從商業策略、團隊、產品三方面來評估。如果三個方面都很優秀,那麼這個創業他必投無疑,如果

最大的風險就是不冒風險！坐在川普身邊的矽谷奇才：
彼得‧提爾的創業故事

做不到三方面都優秀，那麼在不同的情況下，提爾會根據情況的不同做出客觀判斷。

「消費領域中，產品要比團隊更重要，但在科技領域中，擁有頂尖科學家的團隊就能獲得更多的青睞。」

事實上，對於 Facebook 的投資，提爾就是看中了祖克柏和他的團隊。第一次聽到 Facebook 這個項目時，提爾更感興趣的其實是祖克柏和他的團隊，當時祖克柏有兩個創業項目，是提爾讓他堅持最重要的一個，於是選擇了 Facebook。

在經營 Facebook 的開始階段，祖克柏根本不知道它該如何完成商業化，只是在不斷地積累人脈，吸引用戶，但這就足以讓提爾對他的未來保持樂觀了，於是他很快便追加了對 Facebook 的投資。

投資好的創業者，要比投資好的項目風險更小，因而對於創業者來說，組建團隊其實是要比項目本身更重要的。

提爾這樣說道：「大部分年輕創業者最可能犯的致命錯誤，就是和一個錯誤的人一起創業。我最喜歡問創始人和合夥人都是怎麼認識的，如果答案是大學或者工作中就認識對方，彼此了解對方的優缺點，這就會讓我感覺很放心。我比較看好團隊成員互相熟悉的團隊，而如果創業者回答他們是在一兩週前的某個大會上認識的，或者剛好有個好的點子一拍即合就一起創業了，那就不太會引起我的特別關注了。」

好的團隊從領導者的個人特質開始，作為創業者，你需要把自己的個人性格融入企業當中。因而，在創業團隊中，提爾更加看重的則是團隊領導者的個人風格。

提爾說：「每家公司都會有自己獨特的核心人物，這種獨特的人物性格通常會比 HR 所說的企業文化要更加具象化，很多時候其實企業文化是比較難以捕捉的東西。」

提爾這一點說得可謂是恰如其分，美國是一個重視團隊協作但又彰顯個性的國家，因而美國的創業團隊的構成往往比較簡單，而在創業初期又往往都具

有濃厚的個人色彩。

　　微軟是比爾·蓋茲和他的中學同學保羅·艾倫一起創立的,而在早期,蓋茲的個人精神則完全被微軟所吸收;蘋果是賈伯斯和他的中學同學沃茲尼克一起創立的,而蘋果早期的企業精神就是賈伯斯的個性;甲骨文是由勞倫斯·艾利森和他的老同事鮑勃·邁納一起創立的,早期的甲骨文團隊裡,艾利森可謂是一言九鼎……

　　成功的創業團隊往往都有一個個性鮮明的團隊領袖。在這一點上,中國也並非沒有實例。小米是雷軍和他的朋友們創立的,而雷軍則是小米的靈魂;新東方是俞敏洪和他的大學同學創立的,而俞敏洪的理想主義在早期的新東方大行其道;李彥宏和他的同事們創立了百度,馬化騰和他的朋友們創立了騰訊,馬雲和他的「十八羅漢」創立了阿里巴巴,成功的創業都從好的創業者和創業團隊開始。

　　組建良好且彼此熟悉的創業團隊,並在團隊中發揚領袖的個人性格,這是提爾帶給中國創業者的第一個啟示。

　　創業是一個過程而並非結果,因此,對於創業這個過程中節奏的把控是非常重要的。

　　提爾說:「創業本身就是一個順其自然的過程,你需要一邊做產品一邊摸索,並從已有的用戶行為中獲取回饋。你可以透過 A/B testing 來測試你的產品,卻不能透過這種方來建立完整的商業模式。」

　　「在美國很多成功的網路公司,比如 Google 就沒有透過 A/B testing 來得出搜尋技術產品的有效結果,Apple 也是個例外,Instagram 也完全是一個意外,兩個觀點都可以營運,但是創業者必須明白:創立公司和創立成功的公司是不同的。」

　　提爾口中的 A/B testing 指的是一種新興的用戶體驗優化方法,可以用於增加轉化率等用戶指標。現在,國內很多企業都流行用 A/B testing 來測試企業的產品、服務、網站或流程是否良好,這種測試本身是一種必要的行為,是屬於企業戰術層面的問題。但在提爾看來,企業策略的層面思考是更加重要的,

最大的風險就是不冒風險！坐在川普身邊的矽谷奇才：
彼得・提爾的創業故事

在初創企業的時候，應該把更多的精力放在思考策略上，而最大的策略就是提爾之前反覆強調的「用壟斷來避免競爭」。

提爾說「創業者一定要注意兩個時間段：T1 表示快速獲取市場，成為壟斷者所需要的時間；T2 表示競爭對手可以追趕上來的時間；如果你沒能讓你的T2 大於T1 足夠多的話，你很快就會被競爭對手抄襲甚至超越。」

「創業者不要小看小的壟斷優勢，雖然小壟斷看起來微不足道，但是市場就是由眾多小的部分構成，所以持續疊加你的小壟斷優勢，必然能夠得到顯著的結果。但是如果你覺得自己是行業壟斷者，而實際情況不是的話，作為創業者，情況就非常危險了。」

創業者一定不要讓自己陷入競爭的血戰當中，提爾這樣告誡我們：「有些公司面臨誘惑，它們整天都想跟它周圍的人去競爭，你很難判斷它們做得太多還是太少。我感覺它們做得太少。比如微軟想搞自己的搜尋引擎，Google 想搞操作系統。最後它們都沒有成功，因為它打不過對方，因為對方的優勢非常穩固。」

做自己最擅長的事情，深挖自己在某個小領域的潛能，而不是讓你的領域越來越大，只有這樣，你才能讓自己的固有優勢更加牢固，這是提爾帶給中國創業者的第二個啟示。

提爾認為，中國正在經歷著一個創業沸騰的時代，很多中國青年剛剛走出校門想的第一件事不是找一份工作，而是自己創業，這是一個非常好的現象。當一批又一批的創業者倒下去，真的成功者從倒下的創業者的「屍身」旁成長起來的時候，那就是中國企業真正強大的時候了。

第十三章
長生不老,提爾的「瘋狂」和執著

最大的風險就是不冒風險！坐在川普身邊的矽谷奇才：
彼得‧提爾的創業故事

第一節
一個追求「長生不老」的人

在擁有了令無數人羨慕的財富和聲望之後，彼得·提爾最想做的是什麼？用他自己的話說，就是讓這種生活延續下去。

雖然，出生於1964年的提爾也不過剛剛五十多歲，但現在，他已經在為自己的健康「未雨綢繆」了。當然，他「綢繆」的並不是某一種特定的疾病，而是人類整體的宿命——死亡。

人能否長生不老呢？這個問題無數人思考過，無數人想要得到一個肯定的答覆。古代的帝王都曾經做過「長生不老」的夢想，他們一開始求助於醫生，當醫生沒法答覆的時候，他們便求助於方士、僧侶，當方士和僧侶無效時，他們轉而求助於神仙。當然，結果我們都知道，這個世界上從沒有出現過「長生不老」的人。

現在，提爾開始步古代帝王的後塵，所不同的是，他並不求助於迷信和虛無縹緲的東西，提爾認為，人類想要實現「長生不老」的唯一途徑在於科技的發展。

科技的發展能否真的讓人「長生不老」呢？這個問題科學家暫時還沒法給出準確的答案，不過，透過科技的發展能夠使人的壽命延長卻是不爭的事實。

以抗生素為例，在抗生素誕生之前，人類對於細菌感染性疾病幾乎束手無策，一個肺炎便可以要了人的命。但在抗生素發生之後，人類幾乎不再害怕細菌了，人的平均壽命延長了十年還多。

科技能夠戰勝疾病，那麼有一天，科技也一定能夠戰勝衰老。帶著這種心態，提爾開始對實現「長生不老」產生了濃厚的興趣。提爾並非科學家，但他卻可以資助科學家。因此，近些年我們能夠看到提爾斥巨資到生物技術領域，幫助提升這些領域的發展速度。

第十三章　長生不老，提爾的「瘋狂」和執著

提爾基金會是提爾個人成立的一家慈善公益機構，主要的作用是向有未來價值的機構投資，資助他們完成創新，當然，這裡有一個前提就是提爾對於他們研究的內容感興趣。換句話說，當提爾對某個領域感興趣時，他完全可以用提爾基金會對這些領域的出色團隊和人才進行資助。

截至 2016 年，提爾一共在生物技術領域掏了七十億美元，對多家初創企業和團隊進行了資金支持，這無疑表明了提爾對於「長生不老」的興趣。

除了公益性資助之外，提爾還在生物技術領域進行了一些投資。提爾旗下以營利為目的的創業者基金會也投資了多家生物技術公司，這些公司都是面向未來的社會，對社會健康體系以及個人健康進行研究的。這些企業包括：為患者就醫提供訊息平台的奧斯卡公司、抗病毒雲實驗室艾美爾思公司、為孕婦提供孕期相關產品的行銷平台 Glow、專為大醫藥公司影印 DNA 的 Cambrian 公司以及透過遺傳基因架構檢測疾病的 Counsyl 公司等。

據提爾自己透露，他所看中的初創企業都具備很強的科學研究製造能力，能夠在較短時間內在已有的商業或技術基礎上，研製出新的目標產品或服務，並立即服務於市場。

以 Counsyl 公司為例，如今美國 3% 以上的初生嬰兒都接受了 Counsyl 疾病測試，這讓 Counsyl 公司成了資本市場的寵兒，現在，這家還沒有上市的公司已經被估值超過十億美元。如果 Counsyl 公司一旦上市，那麼這筆投資就會讓提爾賺個缽滿盆滿。

當然，賺錢對於提爾來說僅僅是一件小事，他最關心的還是自己「長生不老」的夢想。提爾並不懼怕死亡，但他覺得，如果能夠永遠生存下去，那也必然是一件令人快樂的事情。

提爾對生物科技領域投資的長長的名單裡，有一家名為 Stemcentrx 公司的企業尤其值得關注，這家企業研究的是人類如何能夠預防並抵抗腫瘤對生命的侵襲，說得直白一些，就是研發抗癌藥物和治療癌症的方法。

眾所周知，癌症已經成為困擾當代人的最大的健康問題，大部分的死亡都是源自於癌症的蔓延使得身體失去了繼續生存下去的技能。而如果 Stemcentrx

最大的風險就是不冒風險！坐在川普身邊的矽谷奇才：
彼得‧提爾的創業故事

公司能夠獲得成功，一方面會讓提爾對「長生不老」更有信心；另一方面也會給他帶來大筆的收入。

提爾曾說道：「問題是，你能否將這些機率轉化成不同的數字？我們之所以以高於其他很多生物技術公司的估值來投資 Stemcentrx，是因為我們認為整個公司在每一個步驟的成功機率都接近於一，因而也就盡可能地避免了隨機性或意外事件。這讓我們感到很放心。」

「他們將人類癌細胞移植到白鼠身上進行研究，這是非同尋常的，而花費也比研究培養的癌細胞更為高昂。這種體系的建立更難，但以這種方式測試的藥物更有可能對人體發揮作用。他們告訴我，人們研究的很多癌細胞系都出錯了。正是這個可以剔除機率事件的架構，讓我們相信這是一家很有價值的公司，同時也是一家與眾不同的公司。在很多方面，它的研究方法與其他生物技術公司的研究方法是背道而馳的。」

我們不知道提爾對生物科技所知多少，但很顯然，提爾對於 Stemcentrx 的前景是比較樂觀的。

在抗癌研究之外，提爾還十分看好抗老科技，事實上，如果能夠戰勝疾病的傷害，人想要健康長壽下去，還要想辦法延緩自己的衰老。隨著科技的發展，人類的壽命變得越來越長（見圖 13-1），但人們仍然還是會不可避免地衰老。

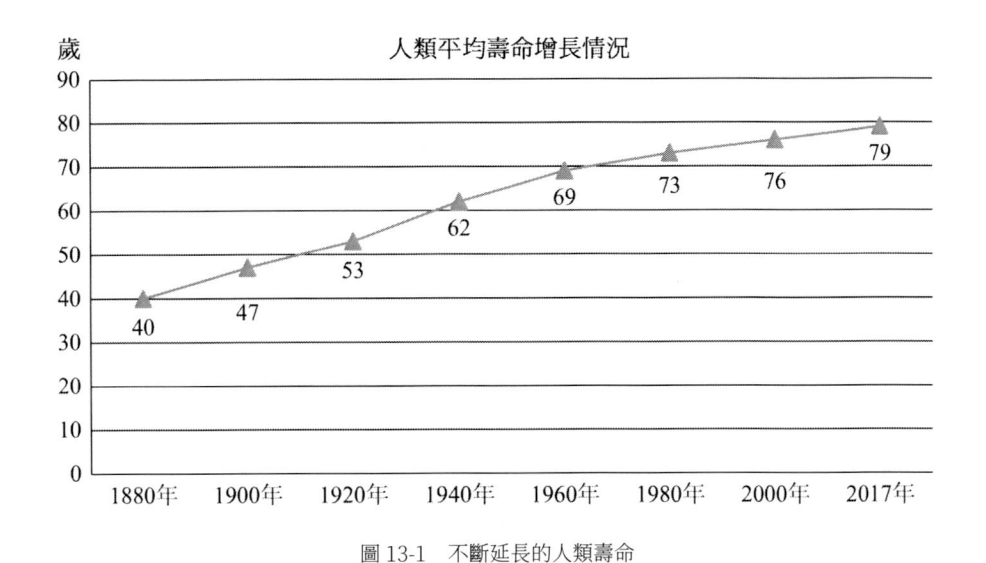

第十三章　長生不老，提爾的「瘋狂」和執著

人類平均壽命增長情況

歲

年份	壽命
1880年	40
1900年	47
1920年	53
1940年	62
1960年	69
1980年	73
2000年	76
2017年	79

圖 13-1　不斷延長的人類壽命

因此，如何延緩衰老就成了人類健康領域的下一個課題，為此，提爾每天堅持服用一些科技產品，提爾說：「人體生長激素有助於保持肌肉的活力，這樣他就不太容易患上老年人群常見的骨損傷、關節炎和其他疾病。」此外，提爾還簽署了「人體冷凍計畫」。

所謂的「人體冷凍計畫」就是將人體在極低溫（-196°C以下）的情況下冷藏保存，等到有一天因科技的昌明，人類的壽命可以無限延長之後，被冷凍的人體便能夠被解凍，然後領略科技帶給人健康的飛躍進步。

提爾的所作所為，已經完全超出了「長生不老」的空想，而是在盡一切所能實現這一點。其實，不僅僅是提爾對「長生不老」有著執著的追求，矽谷的大量企業和精英，也對生物科技領域進行了大規模的投資。

賈伯斯就曾經說過：「我要麼會是第一個能夠擺脫癌症的人，或者是最後一個因癌症而過世的人。」在他生命最後的幾年，賈伯斯曾經投入巨資資助了癌症全基因組測序，雖然最終沒有挽救賈伯斯的生命，但無疑推動了人類戰勝癌症的步伐。

Google 創始人謝爾蓋·布林和賴利·佩吉也做了同樣的事情，他們斥巨資成

最大的風險就是不冒風險！坐在川普身邊的矽谷奇才：
彼得‧提爾的創業故事

立了一家名為 Calico 的公司，該公司致力於解決因人體衰老而帶來的各種問題，包括危及生命的疾病、影響精神和身體敏捷性的問題等。

比爾‧蓋茲夫婦則將主要的目光放在疫苗事業上，他們也加入了進來。2015年三月，蓋茲夫婦基金會宣布成立，並斥資五千兩百萬美元參與了疫苗技術的發展，蓋茲夫婦資助的事業如果能夠成功，就能更快速地對抗疾病，讓很多貧困國家束手無策的疾病變成歷史，從而在整體上提升人類的壽命。

矽谷正在掀起一股投資生命健康領域的熱潮，而在這股熱潮中，彼得‧提爾無疑走在了最前面。

提爾說：「我認為衰老甚至死亡都是隨機事件出錯的結果。隨著年齡的增長，你遇到的隨機事件會越來越多，而出錯的機率也會越來越高。如果不是罹患癌症，你也有可能死於小行星撞擊。所以，在某種程度上，技術正在克服這種自然的隨機性。從公司層面講，這個問題是，你能否在建立公司過程中擺脫隨機性。但從哲學層面講，這個問題是，我們能否從整體上擺脫隨機性，以及能否克服隨機性，因為我認為這是自然中惡的部分。」

戰勝「自然當中的惡」，讓人類「長生不老」下去，這是提爾的「異想天開」，但又何嘗不是大多數人的夢想呢？

第二節
人工智慧，提爾看到了人類的未來

2016 年，Google 旗下的 DeepMind 公司研發的人工智慧圍棋程式 AlphaGo 戰勝了韓國旗手、享譽世界的李世石九段。這條新聞一經爆出，立即引來了全世界的關注，不僅僅是科技界為之震動，普通大眾都因此陷入一片討論之中。大眾討論的焦點是，人工智慧到底已經進展到何種地步，是不是在未來有取代人類的可能（見圖 13-2）。

第十三章　長生不老，提爾的「瘋狂」和執著

其實，大眾的這種討論在幾十年前就有過，只不過在以前人工智慧大多存在於科幻作品當中，人們沒有親身體驗過它的力量，因而這種討論只是在思想家、社會學家層面上。

但隨著人工智慧科技的發展，近些年走入人們生活的人工智慧產品開始出現，再加上這次 AlphaGo 在圍棋上面戰勝了人類最強大的棋手，給人們帶來了切切實實的衝擊。

不過，在始終走在科技最前沿的彼得·提爾看來，人工智慧的發展不會是一件壞事，而更多是一件好事。在一次辯論中，提爾這樣表述：人工智慧代表著人類的未來，這是毫無疑問的事情，但對於人工智慧本身，很多人的謹慎也確實是不無道理的。

人們對於人工智慧的擔憂主要是兩個方面，一方面出於人類自身的安全，一方面出於勞動力的保障。

2012 年，在被 Google 收購之前，DeepMind 公司 CEO 戴密斯·哈薩比斯曾經找過提爾，請求提爾投資 DeepMind，雖然提爾在考慮了很久之後決定放棄這個機會，但在當時他還是與戴密斯·哈薩比斯進行了一番長談。

在長達數小時的溝通結束之後，提爾送走了戴密斯·哈薩比斯，然後關起門和自己的投資夥伴們開會討論投資的可行性。在這次閉門會上，創始人基金的一個合夥人不無調侃地說道：「剛剛可能是我們殺掉戴密斯·哈薩比斯最後的機會了，等他的人工智慧研究成功，他就能統治世界了。」

這當然是個玩笑，但也多少能說明一點問題，那就是大家對人工智慧的安全性還多少有些擔憂，「未來，人工智慧到底會在多大程度上威脅我們的安全呢？」提爾這樣反問道。

當時的提爾還沒有思考好這個問題，再加上其他一些問題，最終投資不了了之。兩年之後，戴密斯·哈薩比斯說服了 Google，DeepMind 被 Google 收購並研發出了 AlphaGo。

其實，當時提爾的問題很多人都曾經思考過，並且還得出了悲觀的結論。享譽世界的理論物理學家史蒂芬·霍金就說：「自從人類文明形成以來，來自生

最大的風險就是不冒風險！坐在川普身邊的矽谷奇才：
彼得‧提爾的創業故事

存能力優勢群體的侵略就一直存在，而人工智慧的進一步發展就有可能更具有這種優勢，它們自身將比人類更加強大與完美，並可能透過核戰爭或生物戰爭毀滅人類。因此盡早建立完善的機制防止未來可能出現的威脅很有必要。」

一開始，連科技界和創投界都對人工智慧的未來有些疑慮，就更不用說普通大眾了。所以，當 AlphaGo 真的戰勝了人類智慧之後，人們的擔憂就並不是毫無道理的了。

人工智慧到底強大在什麼地方呢？主要是因為它有自我學習的能力。圍棋是世界上最難的遊戲，它的變化有 10271 種，人的腦力當然不可以窮盡這麼多的變化，但卻能夠根據實際情況隨機應變。

而電腦的運算方式則不同，每走一步它要在內部將這些可能性全部運算完成，這無疑需要極大的運算能力，在數秒鐘之內幾乎不可以完成。因而，在長時間裡圍棋一直是人類唯一還能夠戰勝人工智慧的領域（1997 年，IBM 的人工智慧電腦「深藍」就戰勝了西洋棋大師加里‧卡斯帕洛夫）。

但隨著 AlphaGo 戰勝李世石，人類最後一塊智慧領地「失手」，更令人感到擔憂的，AlphaGo 戰勝李世石靠的不僅僅是運算，更有自我學習的能力。

AlphaGo 能夠對人類棋手的棋譜進行分析總結，並對自己的對局進行復盤和演練，進而不斷提升自己的圍棋水準。

既然 AlphaGo 能夠透過自學提升自己的圍棋水準，那麼誰又能夠保證，在未來的某一天，人工智慧會不會透過自學產生出自我意識呢？而一旦人工智慧有了自我意識，那麼機器人占領地球、毀滅人類這樣的場景，恐怕就不會只存在於好萊塢電影或科幻小說裡面了？

對此，彼得‧提爾卻有不同的看法，在一次談話節目裡，提爾明確地表示，他對於人工智慧的恐懼已經完全沒有了。

「我認為我們生活在這樣一個社會中，所有的文化、政治、風俗都在往壞的方面來想科技。最直接明顯的表現就是科幻電影，他們總是在表達人工智慧在破壞，在殺人，在毀滅，未來會是一個『終結者』的世界，『黑客帝國』的世界，但他們從沒有想過，這種並非處於善意或科學的揣度和創造是不是對

第十三章 長生不老,提爾的「瘋狂」和執著

的。」

人工智慧將會在一個人類能夠控制的範疇之內,這是提爾所相信的,而他也為此做出了自己的貢獻。他先後拿出數千萬美元投入人工智慧的研究當中,因為他堅信人工智慧夠給人類帶來的好處是要遠遠多於人類對它的擔憂的。人工智慧的發展歷程見圖 13-2。

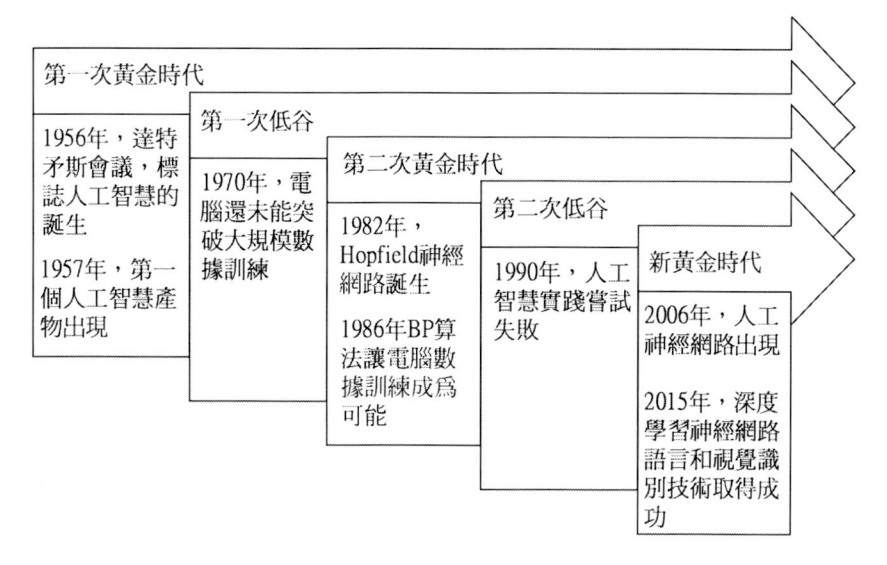

第一次黃金時代	第一次低谷	第二次黃金時代	第二次低谷	新黃金時代
1956年,達特矛斯會議,標誌人工智慧的誕生 1957年,第一個人工智慧產物出現	1970年,電腦還未能突破大規模數據訓練	1982年,Hopfield神經網路誕生 1986年BP算法讓電腦數據訓練成為可能	1990年,人工智慧實踐嘗試失敗	2006年,人工神經網路出現 2015年,深度學習神經網路語言和視覺識別技術取得成功

圖 13-2 人工智慧的發展歷程

人類對於人工智慧的另一個擔憂在於它會搶奪人的工作。現在,美國很多工廠都在使用機械臂生產線進行簡單的生產活動,而隨著人工智慧的發展,未來將會有更複雜的機器應用到更複雜的工作上去,那麼大多數從事低端製造業的人就要面臨失業的風險,這是很多人不願意看到的。

「在第二次工業革命當中,不是也發生過工人們毀掉機器的事情嗎?」提爾這樣反問道。事實上,每一個人類技術的革新,都必然導致一些低端工作被淘汰掉,這當然會引發一些人的生活危機,但從長遠來看,它確實在幫助人們從枯燥的工作中脫離出來,轉而從事那些更具高附加價值的工作。

人工智慧可以在手機組裝上替代人類,但卻不可能像人那樣去創作小說,

最大的風險就是不冒風險！坐在川普身邊的矽谷奇才：
彼得‧提爾的創業故事

像人那樣去拍電影。提爾說：「人工智慧威脅中產階級就業職位的說法聽上去就像科幻情節。這可能會在一百年後發生，也可能永遠不會發生。」

所以，作為現代人，覺得人工智慧會搶奪自己的「飯碗」無疑是非常愚蠢的。退一步講，如果某個人的工作真的能夠被人工智慧所替代，那麼他完全可以透過學習再去從事更複雜的工作，畢竟，人是能夠不斷提升和完善自我的。

而且，提爾認為人工智慧的出現無疑會讓人的生活變得更好。一些產品會因為人工智慧的出現而降低生產成本，一些工作會因為人工智慧的出現而被更好地完成，一些人類本無法解決的問題可以被人工智慧輕巧地完成。

提爾這樣說道：「人工智慧會不會給勞動者帶來壓力，也許會的，但如果你連這也要擔心，那麼你更應該擔心印度、中國帶給歐美勞動者的壓力，因為在全球化的背景下，他們（因為勞動力價格較低）給歐美中產階級帶去的壓力是能夠看到的。」

從提爾的態度上能夠看到，他對於人工智慧已經沒有絲毫的擔心了，不但不擔心，他還堅定地認為發展人工智慧，將人類從一切低端工作中解脫出來，這將是人類最美好的未來。

一句話，人工智慧便是人類的明天，也正因如此，永遠把目光對準明天的提爾才會將大量的精力和金錢放到人工智慧領域。

第三節
提爾和他的海上烏托邦

在古希臘思想家柏拉圖的筆下，人類最理想的狀態是生活在這樣一個世界裡：這個世界裡人人平等，沒有壓迫，沒有匱乏，是一個豐衣足食的世外桃源。

五百年前，英國社會學家湯瑪斯‧摩爾豐富了柏拉圖的構想，他設想出一個小島，這個小島上有著最完美的政治制度和社會制度，他為這個小島取名為「烏

第十三章 長生不老，提爾的「瘋狂」和執著

托邦」，從此，烏托邦便成了理想世界的代名詞。然而，雖然很多人都夢想著烏托邦的出現，但大部分人也相信，這個世界上不會真的有烏托邦存在的。

然而，彼得·提爾恰恰不在這大部分人當中。早些時候，提爾曾經拿出一筆資金投入海洋家園協會（Seasteading Institute）的研究當中，這筆錢雖然只有五十萬美元，但對於當時還在 PayPal 辛苦創業的提爾來說也已經是一筆不小的投入了。

對於還不是億萬富翁的提爾來說，為什麼要拿出這五十萬美元呢？對此，提爾不無調侃地說道：「誰知道呢？偉大的創意在成功之前都是一些奇怪的想法。」

那麼，是怎樣的一個奇怪的想法讓提爾如此不顧及結果地投資呢？在海洋家園協會的網站上，我們可以看到他們這樣介紹自己：

我們需要新的政府治理策略：嶄新的銀行體系以處理不可避免的金融危機，更好的醫療法規以期給他人健康的呵護，一個真正代表我們又具備創新性的民主制度。我們所看到的是，現有的政治制度已經無法應對二十一世紀的現實。世界需要一個地方，讓那些願意嘗試建立新的社會的人去測試自己的想法，地球上的土地已經被占據，海洋，便成了下一個探究的領域。

這個「奇怪」的設想來自派翠克·弗里德曼。派翠克·弗里德曼是一個來自 Google 的軟體工程師，他的父親大衛·弗里德曼是美國當代無政府資本主義理論發展的主要人物，而他的祖父米爾頓·弗里德曼則是被譽為 20 世紀最重要的諾貝爾經濟學獎得主之一。

弗里德曼家族有提倡小政府或無政府主義的傳統，在這一點上，派翠克·弗里德曼把自己父輩們的想法付諸了行動。

2001 年，派翠克·弗里德曼開始醞釀自己的海洋家園的計畫。2008 年，他正式建立了海洋家園研究所，開始了海洋烏托邦的實施。

那麼，是什麼促使提爾選擇了派翠克·弗里德曼呢？原來，作為創業者的提爾在創業過程中經歷了各種各樣的困難，這讓他覺得與現有政治體制和法律體系打交道實在是太困難了。

最大的風險就是不冒風險！坐在川普身邊的矽谷奇才：
彼得‧提爾的創業故事

譬如，在提爾創立 Paypal 的時候，線上支付還是一個法律的灰色地帶，法律條文上的缺失讓 Paypal 在美國各州打了數十場沒完沒了的官司，有些官司在提爾看來根本就是無理取鬧，但他對此也沒有任何辦法。

在投資 Facebook 並躋身董事會之後，提爾又看到這個社交網站所遇到的麻煩，安全問題、隱私問題、稅務問題，沒完沒了的法律訴訟讓這個年輕的公司焦頭爛額。在這種情況下，本就持有小政府主義觀點的提爾，如果不對現行體制產生厭煩、憤怒和無奈，就太不正常了。

而正當提爾焦頭爛額之際，他忽然看到了派翠克·弗里德曼的海洋烏托邦計畫。是啊，如果對現行體制不滿又無力徹底改善它，那麼自己建造一個世界不就成了最令人心馳神往的事情了嗎？

就這樣，提爾很快便會見了派翠克·弗里德曼。在提爾的面前，派翠克·弗里德曼把自己的計畫和盤托出。

按照他的設想，海上烏托邦將建造在一個類似石油鑽井平台的小島之上，水下有巨大的鋼鐵壓艙物，由鋼筋混凝土管支撐，這是因為「柱筒式設計有利於抵擋海浪衝擊」。

海面之上則是占地約 4.8 萬平方英呎的平台，在平台的頂部進行建設，並在建築物的頂端安裝太陽能電池板、風力渦輪機以及衛星天線。依靠柴油動力在公海上自由漂浮移動，還可以透過太陽能和風力提供動力。

按照派翠克·弗里德曼的估計，如果一切順利，到 2050 年將有上百個「海上家園」在公海上漂浮。每個「海上家園」上的居民少則幾百，多則可達一百萬。如果某個島上的人對該島的政治制度不滿意，他可以立馬走人，去別的島定居——他們對這一設想引以為豪，稱為「動態邊疆」系統。

這一想法的可操作性讓提爾覺得這是值得投入的，因此，即便提爾當時並沒有像今天這樣「腰纏萬貫」，但他還是掏出了五十萬美元投資到海洋公園項目中，不久之後，當「海洋公園」缺錢的時候，提爾又追加投資 125 萬美元。

對此，彼得·提爾不無自豪地說道：「海上領土是人們在地球上邁向未來的重要一步。是創造人類自由新空間為數不多的前沿科技領域之一。」

第十三章　長生不老，提爾的「瘋狂」和執著

不僅僅如此，提爾還親自參與到計畫當中來，從成本計算到地點選擇，從建築材料到樓房款式，提爾都全場參與決策。

經過不斷地調研，「海洋公園」得出一個報表，一個四萬平方公尺供兩百二十五人生活的島，把它搭起來就得花 1.24 億美元。除此以外，還有島嶼城市規劃的錢，建樓的錢，水電供應費，交通運輸費……每一項都至少幾百萬美元。

顯然，提爾一個人的力量已經不足以支撐「海洋公園」了，於是他轉而利用他在矽谷和華爾街的人脈，動員他的億萬富翁朋友們來捐錢了。

一次募捐會上，提爾這樣說道：「不要問我為什麼建這個島，這個問題本身就錯了。這種島嶼將是我們的生活必需品，因為只有建島才能逃離政府管轄。逃脫了骯髒的政治，技術革命才能成功。」

當時，提爾出具了一組有趣的數據：一九五〇年代，美國的最高邊際稅率是 91%，這表明美國最富有的那群人，只要多掙一美元就要交給美國政府九十一美分。而在當代美國最高邊際稅率則減少到了 40%，富人交稅少了一半還多。為什麼會發生這種狀況呢？就是因為地球上的國家數量變多了。

提爾直言不諱地說，如果美國一直對富人加稅，那麼富人完全可以搬家去巴拿馬或者開曼群島這樣的避稅天堂。那麼反過來說，如果想要讓世界更加自由，只需要多建新的國家，讓國與國之間進行競爭就可以了。所以提爾說，我們建島逃稅的行為，是為世界自由做貢獻！

提爾對他海上「烏托邦」的構想是：烏托邦中沒有政府，沒有警察和軍隊等暴力武器，任何民事糾紛都由「企業內部解決」，而不需要透過仲裁機構，走程式冗雜的訴訟。提爾認為，「正式而全面的法律，既沒有效率，也沒有必要」。

如果有爭議，「海上烏托邦」中的人們可以「按常理」裁決。提爾保證這個「自由島」上沒有社會福利，沒有嚴格的建築標準，沒有最低工資，最重要的是，這個「自由島」可以隨便攜帶武器。

「海上烏托邦」的自由，正吻合了提爾的個人理念，是提爾一直的夢想，

最大的風險就是不冒風險！坐在川普身邊的矽谷奇才：
彼得‧提爾的創業故事

而他也必將為這個夢想堅持到最後。

雖然從目前來看，「海上烏托邦」計畫最終實現還有很長的路要走，但從提爾這個自由主義創業者和投資人的情懷來看，對夢想的堅持正是我們這個時代所缺少的，也正是提爾能夠獲得成功，表現得和一般人不一樣的根本原因所在。

第四節
「我要飛車，他們卻只讓我寫一百四十個字」

2002 年的某一天，彼得‧提爾和他的好朋友兼 PayPal 合夥人伊隆‧馬斯克在帕羅奧圖一家名叫 Cafe Venetia 的咖啡館碰頭。兩個人邊喝咖啡邊聊天，聊天的內容是有關於 PayPal 要不要上市。

「如果 PayPal 上市，那麼在上市之後，你將要去做什麼？」提爾這樣問馬斯克，馬斯克給他的回答是去「做火箭」。

後來的事情我們都知道，PayPal 雖然沒有上市，但卻最終被 eBay 收購了，套現之後的提爾成了一個創業投資人，而馬斯克真的去做火箭了。

2002 年六月，馬斯克成立了美國太空探索技術公司 SpaceX，朝著他征服外太空邁出了確定性的一步。此後的幾年裡，馬斯克和他的 SpaceX 開發了可部分重複使用的獵鷹一號和獵鷹九號運載火箭，以及 Dragon 系列的太空船。2008 年 SpaceX 獲得 NASA 正式合約，2012 年十月，SpaceX 飛船將貨物送到國際太空站，從此開啟私營航天的新時代。

對於老朋友馬斯克取得的這些成就，彼得‧提爾看在眼裡，他在為老朋友高興的同時，也篤定了自己的太空夢想。

外太空一直是提爾十分感興趣的一個領域，小的時候他就經常幻想外太空的樣子，從各種科幻小說裡，提爾對太空以及外星生物產生了濃厚的好奇心。

第十三章　長生不老，提爾的「瘋狂」和執著

只不過，在這之前提爾從沒有想過自己也可以去完成太空夢想，畢竟那實在是太困難了。

馬斯克的勇氣和成功，給提爾造成了很大的觸動，如果馬斯克可以，自己為什麼不可以呢？不過，提爾還沒有傻到自己去複製馬斯克的成就，畢竟他是一個一貫鄙視複製的人，他選擇將自己的太空夢嫁接在馬斯克身上，為此他向馬斯克的 SpaceX 進行了投資。

如果馬斯克能夠獲得成功，那將是人類歷史上又一個創舉，是美國重拾偉大的標誌，提爾當然願意在這個過程中占有一席之地。

從人工智慧到「長生不老」，從「海上烏托邦」到征服外太空，提爾偏執地堅持著自己的理想，這固然有他對於兒時夢想和個人需求的滿足，但在另一方面，提爾也有一種憤怒的情緒在裡面。

提爾有一句名言，「我要飛車，他們卻只讓我寫一百四十個字」，這句話的背景是什麼呢？

有一次，一位記者邀請提爾回答關於美國當代的創新，提爾對於這個問題極為反感，他回到說「美國現狀已經失去了創新的能力！」記者對提爾的回答感到不以為然，美國現在有蘋果，有 Facebook，有亞馬遜，有暴雪，怎麼能夠說沒有創新呢？於是，提爾說出了這句話，「我要飛車，他們卻只讓我寫一百四十個字，你管這些叫創新嗎？」

在提爾的心中，或者說在提爾、馬斯克這樣經歷過冷戰、經歷過美國一超多強的偉大時期的人的心中，真正的創新應該是那種改變全人類的、震驚世界的。

對於蘋果公司，提爾曾經直言不諱地批評說：「蘋果手機是個不錯的東西，但與阿波羅登月計畫比起來，我不認為這玩意兒是什麼技術創新。蘋果是一個創新公司不假，但我認為它的創新只停留在設計層面，它其實更像是一個設計創造者，僅此而已。」

提爾想要的是那個重回榮光時代的美國。

「曾經，美國人發明了現代流水線、摩天大樓、飛機、個人電腦，美國人

最大的風險就是不冒風險！坐在川普身邊的矽谷奇才：
彼得・提爾的創業故事

登上了月球，征服了海底，但現在，這個國家已經失去了對未來的信念。從前，許多美國人都會覺得，前往外太空不會是不可及的夢想，更多人還想著建造水下城市，綠化沙漠，創造機器人……但現在，一個小小的設計創意便能夠引起全國性的狂歡，美國人已經不一樣了。」提爾悲哀地說。

要改變這種現狀，提爾只能指望自己。於是，他親自投身於各種各樣的創造事業當中，出錢出力，憑藉他的資本和號召力來吸引普通民眾。但令他有些灰心的是，他對美國的改變就像他的這些科技投資一樣，收效寥寥。

那麼，到底應該怎麼做才能達到目的呢？在思考了很久之後，提爾得出一個結論，那就是不但要號召有影響力的成功人士加入進來，還需要政府的強勢介入。

「我們矽谷發明了各種電腦，開發了很多軟體，當然，也賺了不少錢。可是矽谷很小，開車到薩克拉門托，或者去橋對面的奧克蘭，我們看不見類似的繁榮……美國人的工資很低，平均收入竟然不如十年以前……可遙想1968年，美國的高科技城市不只有一個，而是遍布美國……我們今天的核基地，還在用磁片。我們最新的戰鬥機（F35），竟然在雨天飛不起來。政府網站很少有人用，因為它經常就用不了……我們鼓勵政府加入矽谷的創新浪潮裡，讓美國有一個更好的未來。」

要鼓勵政府加入科技創新的浪潮中來，因為之前幾乎所有的重大科技創新都有美國政府的身影，而現在，是到了美國政府重新引領美國民眾闊步向前的時候了。

可能是天遂人願，正當提爾為如何說服政府而一籌莫展的時候，他支持的川普在大選中獲勝，成了美國新一任總統。憑藉著競選時對川普的支持，提爾在新政府中占有了重要的位置，他的聲音份量十足，自然可以透過呼籲或者參與政府決策的方式，來實現他的夢想。

據《華爾街日報》報導，在川普的政府裡，提爾在「私人太空公司與美國國家航空航天局（以下簡稱NASA）過渡團隊中有更多話語權」。這使得提爾的科技創新夢想有了政府的後盾。

第十三章　長生不老，提爾的「瘋狂」和執著

　　提爾是非常贊成以 SpaceX 為代表的「公私合作」類型：在過去的幾年時間裡，馬斯克的 SpaceX 獲得來自 NASA 超過六十五億美元的合約，隨著提爾在這個領域的政府角色變化，SpaceX 必將獲得更多來自政府的支持。

　　在某種意義上，提爾是在幫一些重要的太空新進入者傳遞聲音，這些人包括：Space X 創始人馬斯克、亞馬遜創始人貝佐斯（他同時有商業太空公司 Blue Origin LLC）等。

　　無論如何，透過對總統候選人的支持，提爾成功在新政府中享有了話語權，這為提爾實現他那些偏執的夢想提供了更大的可能性。我們有理由相信，在實現他的夢想同時，提爾領導或贊助的團隊在科技方面的創新，必將給人類帶來更美好的明天。

最大的風險就是不冒風險!坐在川普身邊的矽谷奇才:
彼得・提爾的創業故事

第十四章
從零到一,創業成功的奧祕在這裡

最大的風險就是不冒風險！坐在川普身邊的矽谷奇才：
彼得‧提爾的創業故事

第一節
學霸彼得‧提爾：輟學創業是個好選擇

畢業於史丹佛大學，擁有哲學學士和法學碩士學位，彼得‧提爾可以說是一個名副其實的學霸。不過有趣的是，這個學霸卻並不特別熱衷於高等教育，提爾曾經在公開場合表示，對於創業者而言，創業活動獲得的成就要遠遠多於他們在學校中所能夠獲得的，所以，輟學創業並不是一個壞的選擇。

2011年，提爾透過以他名字命名的基金會設置了一個「二十歲以下二十人」計畫（20 Under 20）（見圖14-1）。這個計畫的內容是，在全世界範圍內挑選二十歲以下的創業者，對他們的創業活動進行原始的資本支持，這筆錢可以達到每人十萬美元。

圖14-1 彼得‧提爾的20Under20計畫

二十歲，即便是提倡學分制的美國，這個年齡的年輕人也大部分還在學校裡上學。因此，毫無疑問提爾這個計畫在很大程度上是面對輟學創業的學生的。

彼得提爾說：「我不認為上大學一定沒有好處，但我們的社會似乎總是認為，

不管付出多少代價,大家都要上大學,這正是我們所質疑的。」

在 2011 年和 2012 年,提爾共資助了四十三名年輕人進行創業,這當中有一部分後來返回了學校,繼續完成學業,但其中大部分則實現了自己的創業夢想,或者找到了自己未來的路。這當中,二十六位創業者的創業活動堅持了下去,並且有數人獲得了成功,也有五個人雖然創業失敗,但都在大型科技公司獲得了工作,繼續著自己的夢想。

在這兩年的時間裡,提爾一共花出去七千三百萬美元,這個數字刺激著很多年輕人響應提爾的號召,到了 2013 年,提爾資助的人數達到了二十二名,這二十二名創業者是從來自四十九個國家的上萬名申請者中挑選出來的,他們來自美國本土、英國、德國、加拿大、新加坡、印度和中國。

提爾資助的項目也是五花八門。

來自莫斯科的新移民阿里桑德羅·基什洛夫剛剛十九歲,他的創業願景是透過創建物美價廉的科學儀器,從而降低科學實驗的成本,讓大多數人都能參與到科學實驗中來,從而引發科學發現的新時代。在提爾計畫的幫助下,他的第一個項目會是廉價的高效液相層析系統,能夠幫助生物化學家分析樣本成分。

十九歲的安德烈·胡蘇是一個天才,他十歲的時候就在一家病理實驗室開始研究工作,十二歲時進入華盛頓大學讀書,不久就獲得神經生物學、生物化學和化學學位並畢業,十九歲的他已經是史丹佛大學神經科學博士四年級學生。不過,在博士還沒畢業的時候,他已經開始了自己的創業項目 Airy Labs,一個旨在提升幼兒教育品質的網站。

丹尼爾·弗里德曼、保羅·古和埃里克·麥凱的三人創業團隊想要為人們提供各種訊息,以幫助人們更好地做出決策。這三個人分別在數學、程式設計和社會活動領域具有極高的素質,他們發現訊息的干擾對人來說是一個極大的困擾,因而建立了小型實驗室,為一些人和企業提供諮詢服務。他們計畫將自己的經驗和才能相結合,建立一個全新的人才評價模型,而提爾則是他們早期的第一個投資人。

詹姆斯·普蘭德是提爾計畫裡最成功的輟學創業者。提爾在 2011 年支持了

最大的風險就是不冒風險！坐在川普身邊的矽谷奇才：
彼得‧提爾的創業故事

他，而僅僅用了一年時間，他便以未披露的金額出售了線上音樂會訊息平台 GigLocator，成為第一位成功售出初創公司的提爾學員。

作為提爾計畫的首批學員之一，和第一個獲得成功的提爾學員，普蘭德對自己跳過大學教育的個人選擇堅信不疑。「他只想表達一個觀點：對於一些人來說，上大學並非正確的選擇。」在接受《富比士》雜誌採訪時，普蘭德這樣評價提爾說。

提爾在一份聲明中表示：「兩年多前，我們創立了這項創業資助計畫，我們的目的是幫助一小部分富有創造力的人學習並實現他們透過其他途徑或許難以取得如此之好效果的事物。值得稱道的是，他們超出了我們的預期，同時激勵了所有年齡段的人，提醒他們相較於學位，求知慾、勇氣和決心在決定人生的成功中發揮著更為重要的作用。」

提爾為什麼會認為輟學創業是一個好選擇呢？這主要是基於兩點因素。

首先，學生時代的頭腦裡會有各種新奇的想法，這時的頭腦還沒有受到商業社會的束縛，還完全沒有考慮商業法則。因為沒有考慮商業法則，會讓這些想法不切實際，但也正因為沒有被商業法則所束縛，反而也會出現爆點。

譬如 Facebook，最一開始就是祖克柏等幾個人的惡搞點子，他們完全不知道如何將它商業化，但它最終卻創造了如此大的財富奇蹟。想一下，如果祖克柏在某個矽谷公司上了七年的班，腦子裡充滿了各種創業術語和成功法則，他還能夠想出 Facebook 這樣的點子嗎？

其次，創業是一種時不我待的活動，尤其是在網路時代，商業世界瞬息萬變，你今天想出來的點子如果不去實施，明天說不定就成了別人的創業機會。而且，在創業的路上很難做到真的萬事俱備，缺資金、缺市場、缺人才，各種缺陷中最不值得一提的便是缺一張大學畢業證書。

所以提爾認為，只要創業項目可靠，就一定不要等待什麼。要知道，創業成功之後還可以回到學校繼續深造，但如果因為學習而放棄創業，那麼千載難逢的機會就很可能與你失之交臂。

當然，彼得‧提爾雖然提倡輟學創業，但絕不提倡盲目地中斷學業，他只是

認為相對於學習所能帶個人的成長，創業活動能夠帶個人的收穫更多。但一切的前提，都是有一個切實可行的創業計畫，而不是頭腦一熱便告別學校，要知道，去學校門口擺攤賣小吃可並不算是創業，為此中斷學業，那是只有白痴才能做出來的事情。

第二節
創業的七個問題

彼得·提爾的成功從創立 PayPal 開始，作為一項尚沒有經過驗證的技術，提爾是怎麼樣一眼就看出 PayPal 的前景呢？

提爾在史丹佛大學學習的哲學和法律，之後雖然從事過金融投資，但對於網路技術並不十分了解。不過，這並不妨礙提爾將網路作為自己的重點投資領域，這是因為他有著敏銳的判斷力，能夠透徹地分析出一家初創的網路企業是否有存在的必要和成長的可能。

提爾的分析能力在於他有一個系統的分析工具，這個工具主要由七個問題組成，如果一個創業想法能夠在這個問題上都得出令人滿意的答案，那麼這個想法就有付諸實踐的必要。這七個問題如下所述。

時機問題：這個構想是否符合現實需要，構想轉化成企業的時機是否存在？

技術問題：這個構想是否具備技術突破，抑或是對現有產品或服務的微創新式改善？

壟斷問題：這個構想的開局，是否可以在一個哪怕是很小的市場中擁有大份額？

團隊問題：這個構想的實踐是否已經具備了適合的創業團隊？

通路問題：在創造出產品或服務之後，企業是否有辦法將它們推廣出去？

持久問題：在搶占市場之後，企業的市場地位能夠持續多久？

最大的風險就是不冒風險！坐在川普身邊的矽谷奇才：
彼得‧提爾的創業故事

機密核心：這個構想是否是獨一無二，至少是市場上沒有存在的？

如果以上七個問題都能夠得到肯定的答案，那麼在這個構想的基礎上創立的企業勢必能獲得成功。而即便獲得肯定答案的問題只有四到五個，仍然能夠給創業者以信心，因為這些問題是從各個不同角度預先評估了企業可能出現的機會和風險，從而判斷企業的成功機會到底有多大。

而如果我們能夠仔細分析一下，PayPal 公司的成立，對於上述問題基本上都加以了肯定，或者在之後的創立過程中實現了兼顧。

以團隊問題為例，在最初對網路快捷支付這個構想開始實踐的時候，提爾的身邊只有一名技術人員，就是列夫琴，這自然是不足以支撐整個電腦系統的研發的，為此提爾和列夫琴又找來了幾個創業夥伴，這些人的加入為 PayPal 公司帶來了技術支持，保證了公司早期的技術研發與服務品質。

再以時機問題為例，時機是提爾首先考慮的問題，在這個問題上，他先是調查了國際間貿易量的增長速度，同時又親身體驗了一些銀行跨國銀行轉帳業務所需要的手續、時間以及費用，以此得出了便捷支付可以為國際貿易者接受的結論。

而關於機密問題，毫無疑問在當時的國際市場上還沒有這樣的便捷支付，PayPal 的服務是一種首創。

綜上七個問題的考量，提爾得出了國際間便捷支付這個構想可以轉化為企業的結論，並以此形成了一次偉大的創業。

提爾的創業之所以偉大，是因為他是先有的創業理論，然後根據理論再進行的實踐，而實踐的成功又印證了他的正確。對於網路時代無數有著創業想法的人來說，提爾的理論是非常值得借鑑的，因為它基本涵蓋了網路時代商業最重要的幾個問題，而成功的商業模式，正是建立在解決好了這幾個問題（或者其中幾個問題）的基礎之上的。

提爾的創業理論當中，最重要的，也是他理論核心的部分，就是壟斷問題。在提爾的觀念中，壟斷是最有利可圖的生意，壟斷一個行業，哪怕是再小的領域，對於創業者來說也是一種巨大的成功，然而這似乎與網路時代的精神有很

大的衝突。

網路時代商業的一個特點就是推平壁壘，讓商業優勢更加扁平化，在網路時代，進行壟斷似乎是一件不可能的事情。其實，提爾所謂的壟斷並不是市場的壟斷，而是以網路思維形成的一種壟斷精神。

用不斷創新的方式，拓展原有的行業邊界，讓商品或服務被更深層次闡述，賦予它們新的價值，並在這種價值當中實現壟斷。換句話說，就是企業重新定義一個市場，然後獲得這個市場的解釋權，當然，這一切也要在用戶認可的前提下展開。

譬如單純作為手機，蘋果絕算不上最成功的產品，但在賈伯斯和其他人的努力下，蘋果成了一種帶有科技、創新、個性和人文情懷的社會符號，在這個新的市場中，蘋果是唯一的產品，因而也就自然獲得了壟斷的優勢。

創業本就是一個並不容易的工作，尤其是在網路這樣一個人人可以創業的時代，創業者必然要面對更加強大的競爭力。無論是資源、技術還是商品、服務，某一個創業者都很難做到絕對的領先於他人，因而只有去開拓那個別人根本無法進入的市場，才可以締造出誰也超越不了的競爭力。

網路創業的七個問題由彼得·提爾提出，可以為我們每一個創業者所借鑑，以期獲得如他那樣的成就。

第三節
創業要躲避開局的陷阱

彼得·提爾認為，創業企業從一開始就注定了成功或失敗，成功的企業都有各自成功的道理，但失敗的企業卻有著同樣的原因，那就是沒有走好第一步。

2013年的NFL超級盃，陣容強大的舊金山四十九人對冠軍志在必得，但最終卻以31：34輸給了實力遠不如自己的巴爾的摩烏鴉，是什麼造成了四十九

最大的風險就是不冒風險！坐在川普身邊的矽谷奇才：
彼得‧提爾的創業故事

人的失敗？

　　在超級盃開始之前，很多人都預測最終的勝利者將會屬於舊金山四十九人，在之前，四十九人剛剛經歷了一個成功的賽季，在實力上遠勝對手巴爾的摩烏鴉。而這次比賽是烏鴉隊歷史上第二次進軍超級盃，他們上一次來到這裡還是在十二年前。

　　在比賽開始之後，四十九人按部就班地進行自己的既定戰術，但烏鴉卻展示出了驚人的攻擊力，他們在上半場連續發起帶有侵略性地進攻嘗試，連續三個達陣拿下了二十一分，確立了多達十五分的領先優勢。烏鴉隊的侵略性進攻出乎四十九人隊的預料，他們整個上半場都像被打傻了一樣。

　　中場休息的時候，四十九人獲得了喘息的機會，他們得以重新安排戰術。此時，運氣也站在了他們的一邊，NFL超級盃出現了前所未有的罕見事故，第三節開始不久主場館就發生了停電，比賽因此中斷三十四分鐘，在這三十四分鐘裡，四十九人有更長的時間進行戰術演練和討論，進行有針對性的布置。

　　在停電結束之後，四十九人士氣高漲，戰術安排得當，再加上本來就在實力上更勝一籌，很快便獲得了兩個達陣，將比分拉近到了只差五分。但是烏鴉隊眾志成城，雖然比分不斷被拉近，但隊員們還是將領先優勢保持到了最後，最終烏鴉隊以34：31獲得了比賽的勝利。

　　四十九人在下半場還能夠將比分頑強地逼近，就證明了四十九人有獲得成功的能力，但他們最終還是失敗了，失敗的原因就是一開始他們輸掉了太多的比分。到最後，他們離扳平比分只差一個踢球（美式橄欖球的一種得分方式，較達陣得分要容易很多，一次踢球得分為三分，而達陣為六分和一個附加分）的差距。

　　四十九人帶給我們的啟示是，一些創業企業的失敗其實是在其創立之初就已經埋下伏筆的，他們的失敗源自於他們在開始的時候做錯了太多，進而讓以後的大部分精力都浪費到了對錯誤的彌補之上。

　　對於這種創業開始階段的嚴重錯誤，彼得‧提爾將之稱為開局的陷阱。一些致命的開局陷阱有：企業願景不明確、企業產權不清晰、企業路線錯誤、企業

準備不充分以及其他一些嚴重的失誤。

對於創業企業來說，第一步往往是至關重要的，第一步走對了，後面的一切都可以按部就班展開，但如果第一步走錯了，那麼即便再完美的策略，也很難按計畫展開。

創業企業第二個失敗的原因是資金鏈出現問題。提爾認為，營業收入並不代表著企業的價值，一家利潤為負的企業仍然可能獲得資本市場的認可。但是，對於大多數企業而言，資金鏈都是無比重要的。企業可以沒有營業收入，可以沒有利潤，但卻不能沒有資本投入。

2014年時，研究機構CB Insights根據個人創始人提交的訊息，發表了一份關於一百家矽谷創業企業倒閉分析的報告，報告中清晰地顯示，導致企業最終倒閉的眾多原因中，占據第一位的就是缺乏資金支持。

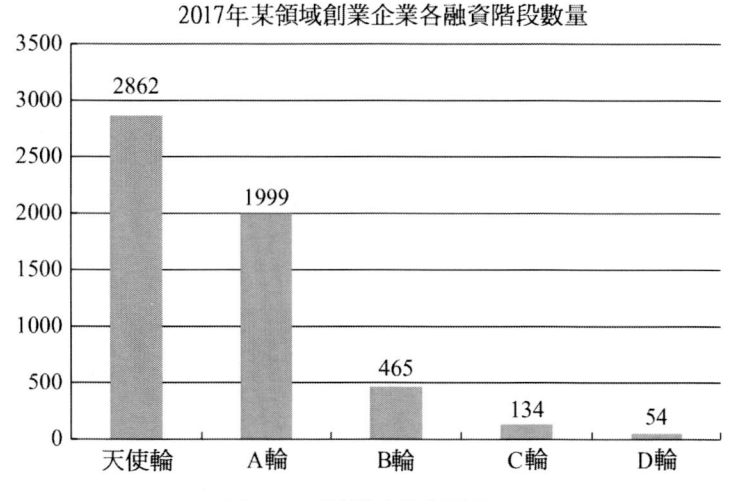

2017年某領域創業企業各融資階段數量

階段	數量
天使輪	2862
A輪	1999
B輪	465
C輪	134
D輪	54

圖14-2　某創業企業發展情況

創業企業能夠經過天使輪一路走到D輪的微乎其微，大多數企業都會在前兩輪被淘汰掉。

企業獲得資金有兩種途徑，一種途徑是資本市場，另一種途徑是企業自身。企業自身獲得資本來自於它的盈利能力，而對於盈利能力不明的企業來說，能

最大的風險就是不冒風險！坐在川普身邊的矽谷奇才：
彼得·提爾的創業故事

否獲得資本市場的認可就顯得尤為關鍵了。

我們可以看一看提爾在創立 PayPal 的過程中，他將各種具體的工作幾乎全部分給列夫琴、霍夫曼這些合作夥伴，而將個人的最大精力放在了資本市場。正是他一次又一次地尋找到創業投資，確保了 PayPal 發展過程中的資金安全。

企業創業失敗的另一個原因是問題的累積。如果企業的開局沒有問題，資金也沒有問題，但創業依然以失敗告終，那麼很可能就是因為企業積累的問題太多了。

很多創業企業的失敗過程都是相對緩慢的，而不是突然的崩潰，層出不窮的問題耗盡了企業的活力，消磨掉了管理層的熱情，進而將企業引入到了失敗當中。

沒有目標也是導致創業失敗的一個重要原因。成功的企業在創業階段必須要有一個明確的目標，即達到什麼樣的目的才算是創業成功。有些讀者認為創業是為了賺錢，因此賺錢可以被當作目標，但其實並非如此。

所謂的目標應該是企業發展的方向，只有目標明確，才能夠指導企業正常地發展下去，否則就變成了盲目的嘗試，等於將希望完全寄託在了運氣上面。

創業是風險和機遇並存的商業嘗試，在創業之前，創業者不能只想著成功而不考慮失敗。無論創業者是否願意，失敗都是大多數初創企業的最終結局，因此了解創業失敗的教訓有時是要比了解創業成功的經驗更加重要的。

一個企業可能並沒有什麼成功的經驗，但它只要規避掉所有可以導致失敗的問題，就有很大的機會獲得成功。所幸在網路這個訊息大爆炸的時代，我們可以隨處找到那些可供我們分析的失敗先例，在每一個行業當中，我們也總是能夠找到幾個可以被當作失敗典型的創業企業。對於一個有志於創業的人來說，分析它們得到的東西往往是更有價值的。

如果說網路對於創業領域有什麼顛覆的話，那就是它讓創業更容易了。讀者看到很多網路時代的創業英豪，他們的起點其實都是非常低的，網路真正迎來了一個草根創業的時代，商業世界的財富和草根英雄的範例讓每一個人都萌生起了創業的念頭，渴望著在網路商業世界獲得自己的一席之地。

但是，網路同時也加劇了各行各業的競爭，讓創業失敗的機率提高了很多，大多數草根創業者會被時代的潮水所淘汰，只有極少數人才能成為最後的成功者，對於這一點，讀者一定要有清醒的認識。

第四節
創業成功必須學會壟斷

彼得·提爾有一個創舉式的理念，那就是以壟斷來獲得成功。商業是戰場，一般來說商場上的競爭都是無比激烈的，創業活動的失敗率居高不下，原因就是很多創業者在競爭中敗下了陣來。也正因如此，提爾才向創業者闡述壟斷的重要意義。

在史丹佛大學講述創業法則的時候，提爾說過這樣一段讓人印象深刻的話：「科學領域裡有非常清晰的公式，你可以重複驗證它，不管怎麼算最後的結果都是一樣的。但創業不一樣，一家企業的模式只能成功一次。當 Facebook、Google、Microsoft 成功後，你去複製它們的模式是永遠不可能成功的，模仿它們的商業模式你得不到同樣的結果。這是在我們矽谷一再看到的現象。」

> **壟斷和寡占壟斷**
>
> 壟斷市場是指整個行業中只有唯一或少數幾個的廠商的市場結構。寡占壟斷指的是一種商品的生產和銷售由少數幾家大廠商所控制的市場結構。
>
> 壟斷和寡占壟斷都有以下特徵：企業數量少，企業之間相互依存，商業價格穩定，新企業進入困難。
>
> 在自由市場經濟之下，壟斷市場的行為是被嚴重抵制，但因為公司發展的特殊性，市場還是會不可避免地走向寡占壟斷。

事實確實和提爾所說的一樣，如果我們將商業的範疇以籠統的行業來劃分，那麼成功的模仿者無疑也會是成功的。汽車製造業、智慧手機業、電影娛樂業，這些行業雖然寡占林立，但仍然存在利潤空間讓跟隨者填補進來。

最大的風險就是不冒風險！坐在川普身邊的矽谷奇才：
彼得·提爾的創業故事

但是，如果我們將商業的範疇具象化，就會發現一個問題，即完全的模仿也是不可能的。在行業內跟隨領導者可以，但在細節上完全模仿領導者，則終將以失敗告終。也就是說，想要在市場上站住腳跟，必須要在細節上有所創新，做一些可以填補市場空白的東西。換句話說，創業者要試圖將市場細分，然後在細分後的市場上獲得壟斷的地位。要知道，哪怕是再小的市場，只要能夠在其中實現壟斷，仍然能夠獲得較大的商業成功。

即便在世界範圍內，冰壺也是一個非常小眾的體育運動，即便在冬奧會的推廣之下，整個世界的冰壺愛好者也不過數百萬，這當中大部分人還不會經常這樣參與運動。小眾的冰壺也就造成了冰壺製造業這個相對小眾的商業領域。在這個商業領域內，原本有兩家企業存在，蘇格蘭的凱斯公司和加拿大的冰壺石業公司，這兩家公司都採取原始的冰壺製造技術，在優勢上各有所長。

1998年，美國湯普森公司加入到了該領域中來，面對前面的兩個巨頭，湯普森沒有選擇與他們競爭，而是將市場細分開來，在原有的冰壺市場中分出了科技冰壺這一塊。原始的冰壺全部由石頭材料做成，湯普森公司另闢蹊徑，引進了一種新的材料——瓷片，用於鑲嵌在冰壺的底面，這讓湯普森公司很快便分走了一塊市場。2000年，湯普森公司又更新了石材翻新機器，採用最新科技、電腦控制的裝備來生產冰壺，這不但幫助湯普森公司鞏固了原有的市場，還使其生產成本降低了25%。

湯普森冰壺公司用將市場細分的方式締造了一個新的市場，並壟斷了這個市場，進而獲得了成功。

市場經濟學有一種觀念，即壟斷是邪惡的，是市場經濟應該排斥的，是會傷害到社會和大眾利益的。然而對於企業來說，壟斷卻是最有效率的競爭方式，沒有哪種方式能夠比壟斷創造更多的財富。

美國航空公司是全世界最大的航空公司，每年為數百萬乘客提供服務，能夠為世界創造數千億美元的價值（按照統計部門數據為兩千億美元以上）。2014年美國航空全年收入為271.4億美元，淨利潤只有13.1億美元，換句話說，在美國航空創造出的每一百美元價值中，它只能拿走幾十美分。

第十四章　從零到一，創業成功的奧祕在這裡

同樣是一家大公司，Google 則完全不同，對於世界來說，Google 創造的總價值還不到美國航空公司的一半（按照統計部門數據為九百億美元以上），但在 2014 年 Google 的全年收入為六百六十億美元，淨利潤則為一百四十六億美元。Google 的淨利潤是美國航空的十一倍還要多，而在 Google 創造的每一百美元價值中，有接近二十美元是屬於它的。換句話說，Google 的盈利能力是美國航空公司的數十倍。

導致這種巨大差異的並非因為 Google 屬於網路創新企業而美國航空公司屬於傳統企業，而是因為美國航空公司必須要面對激烈的競爭，在整個美國有二十七家規模與美國航空公司類似的企業，大家在同一個市場內角逐，從而導致了利潤空間被擠壓。

但即便在全世界的範圍內，類似於 Google 的還沒有出現，也就是說在 Google 的市場上，它是唯一的一家具有毫無爭議的壟斷地位的企業。

全美航空公司是航空領域的佼佼者，它在競爭中獲得了第一的位置，這無疑是一種成功，但從 Google 的角度來說，它並未參與到競爭中去，在它的世界裡，它是唯一的那一個，它的存在就是一種成功。

美國航空公司的業務需要如何開展，利潤來自哪裡，哪裡可以增加利潤，哪裡需要削減利潤，這些都是由市場決定的，美國航空如果不能夠屈從於市場，就只能被市場所淘汰。但 Google 不同，Google 的市場是由它自己創造出來的，在這個市場上它說了算，它可以為自己制定利潤策略（當然它也要為此承擔風險），它可以給自己定價，這確保了它能夠實現利潤的最大化。

自由市場雖然排斥壟斷，但卻也不可避免地塑造了壟斷誕生的土壤——利潤。壟斷可以由兩種方式實現。一種是政府或其他強制力，限制其他企業進入，或對競爭對手進行打壓，這種壟斷是低效的壟斷，雖然可以攫取巨大的利潤，但對於壟斷企業之外的一切商業元素都是沒有好處的。關於這種低效的壟斷，本書不加以討論，讓我們來重點討論另一種壟斷模式。

另一種壟斷則是由企業依靠自身的實力實現的，譬如像 Google 這樣，創造一個他人完全無法取代的網路搜尋引擎，並以此來構建一個全新的網路生活

最大的風險就是不冒風險！坐在川普身邊的矽谷奇才：
彼得‧提爾的創業故事

方式，這種壟斷是創新和進步的代表，在網路時代的商業世界，這種壟斷將會成為一種潮流。

那麼，這種壟斷要如何來實現呢？如我們一開始講的湯普森公司一樣，可以透過在傳統的行業內部引入新的技術，對行業進行細分，這是較為傳統的壟斷形式。在網路時代，還有另一種實現壟斷的方式，那就是尋找不同產業之間的交集。

對於搜尋引擎產業來說，Google 算不上一家完全壟斷企業，Google 在整個市場的份額占到 68%（見圖 14-3），其他的市場份額則由雅虎等企業瓜分。但是，如果說將搜尋引擎與可穿戴網路終端、手機、電腦等產業結合起來，我們就會看到，在這些產業的交集當中只有 Google 一家企業。

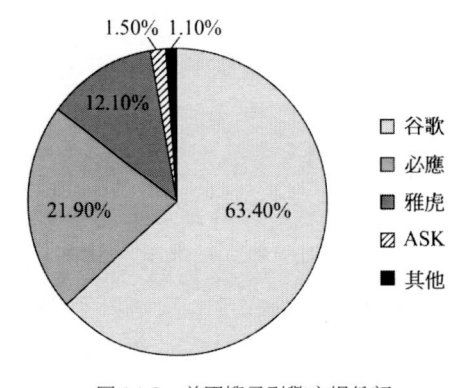

圖 14-3　美國搜尋引擎市場份額

類似地，蘋果在智慧手機市場中所占的份額還不到 30%，但如果將科技產品、個性產品、可穿戴網路終端等多個產業結合起來，蘋果又會成為交集當中的唯一。

因而在網路時代，企業不必要非選擇在某一個領域內碾壓競爭對手，只要選擇一個合理的詮釋方法，讓自己走入特定的產業交集當中，就能夠實現壟斷。

當然，壟斷也並不意味著就擁有了無法被顛覆的競爭優勢。在傳統的市場經濟當中，壟斷企業為了保護自己，一般都會選擇打壓那些可以動搖自己壟斷地位的創新，但是在網路時代，壟斷非但不會阻礙創新，還會推進創新。

因為網路時代是一個屬於大眾的時代，大眾具有選擇權，壟斷企業能夠存在是因為大眾選擇了它，但如果它讓大眾感到厭惡進而被拋棄，那麼它的壟斷地位便會瞬間煙消雲散。譬如在最近幾年，蘋果的市場份額已經從前幾年的快速增長中有所下滑了，原因就是用戶越發感覺不到蘋果在它那個唯一的市場中的唯一性。因此，如果蘋果不能夠繼續創新，保持競爭力，那麼可以想到的是，在不遠的將來它也一定會被淘汰掉——就像它淘汰 Nokia 那樣。

因為豐厚的利潤，壟斷地位給了企業進行創新的動力，無論是細分市場的壟斷，還是重塑市場的壟斷，都需要企業站在大眾的角度去思考，營造那些令大眾更滿意的商業模式。

在自由的市場上，競爭是不可避免的，壟斷可以打消競爭，但壟斷也要面對另一個壟斷者的競爭。塑造自己的壟斷地位，這是讓創業行為更加有效的重要手段，尤其是在創業之初，透過思考讓企業進入壟斷市場，無疑會給企業在商業站穩腳跟清除很多阻力，讓創業者更快地取得成功。

以壟斷來獲取競爭的勝利，這無疑是提爾對創業意識的一種徹底顛覆，以壟斷來推進創新，這更是前所未見的觀點。但在網路時代，顛覆是一切商業行為的主題，我們有理由相信提爾說的是對的，他看到了未來商業世界的樣子，而我們要做的，就是像他說那樣，去自己的領域裡實現壟斷。

第五節
創業世界的後來者居上法則

傳統商業提倡「先入者優勢」，即率先進入一個領域的企業往往會占據最有利的地位，因為它能夠率先了解市場，占領最大的市場份額，塑造出自己的品牌，並阻攔後來者。

彼得·提爾要創業者實現壟斷，那麼，讀者下意識就會覺得，是不是要去發

最大的風險就是不冒風險！坐在川普身邊的矽谷奇才：
彼得・提爾的創業故事

掘那些別人從未涉足的「藍海」，利用「先入者優勢」率先進入占據有利位置，然後把市場的大門關上？

但事實並非如此，提爾也支持「藍海策略」，但他同時也認為，後來者能夠站在先入者的肩膀上取得成功，提爾將這種能量稱為「後來者居上法則」。

直到今天，eBay 仍然在全球電子商務領域占據著重要的地位，然而在中國，我們卻已經見不到 eBay 的身影了，因為它已經被一個強勁的後來者取代了，那就是淘寶。

eBay 進入中國的時間是 2003 年六月，它透過收購中國個人電子商務領域最大的網站易趣網作為跳板，迅速在中國實現了本土化。而此時，馬雲的阿里巴巴才剛剛走上業務的正軌，淘寶網也才剛剛成立不到一個月。因為有海外多年的成功經驗和易趣作為跳板，eBay 可以算得上一個先入者（雖然它進入中國比淘寶還晚一個月），這個先入者很快便在中國市場上站穩了腳跟，在當時以 eBay 的實力，淘寶和它競爭根本沒有勝利的可能。眼見淘寶無法在 eBay 統治的個人電子商務市場上打開局面，馬雲甚至產生了撤出這部分市場的想法。

不過，淘寶有另一個優勢，那就是它從 eBay 身上獲得很多經驗。一個新的商業領域就如同一個沒有人探險過的地域，那裡面當然有金礦，但也必然會有陷阱。先入者有第一個挖到金礦的優勢，但也有第一個踩到陷阱的危險，因此稱商業的先入者為探路者其實也不為過。

很快，探路者 eBay 便踩到了第一個陷阱。作為電子商務平台，eBay 在美國等地實施的是有償服務，即用戶在 eBay 上發布商品訊息需要支付給 eBay 一定的費用。這種收費方式在美國可以推廣下去，但在中國卻不行。當時，大多數中國人對於網路商業還持有一種相對謹慎的態度，讓中國人掏錢註冊賣家，

> **藍海策略**
>
> 藍海策略（Blue Ocean Strategy）是由歐洲工商管理學院的 W. 金和莫博涅提出的。他們將競爭激烈的飽和市場稱為「紅海」，與之相對應的則為「藍海」。
>
> 藍海策略認為，聚焦於紅海等於接受了商戰的限制性因素，否認了商業世界開創新市場的可能。運用藍海策略，讓視線從超越競爭對手移向買方需求，跨越現有競爭邊界，將不同市場的買方價值元素篩選並重新排序，最終能夠拓展出一塊單獨的市場出來。

這很難行得通。

eBay 的試驗失敗了，淘寶卻很快便扭轉了方向，它實行全免費策略，無論是賣家還是買家都不需要支付任何費用，這就幫助它成功地繞開了這個陷阱，迅速搶走了 eBay 的市場份額。

作為後入者，淘寶等於是在 eBay 已經探明的道路上邁出了第一步，這第一步當然要比 eBay 更加堅實。

後入者的另一個優勢在於，它可以享受先入者已經開拓好的市場。網路時代商業領域一個重要狀況就是不確定性，一項很多人不看好的創新技術最終卻可能成為一個行業，而很多人看好的創新技術卻最終可能被放空掉，因此當一個新的商業領域沒有形成之前，誰也不了解那裡到底有沒有市場。

因而，當先入者進入一個陌生的區域之後，它不但需要探索這個區域的陷阱，還要探索這個區域到底有多大，值不值得進行商業開發。當先入者對這個區域探索完畢之後，再進入的後入者只需要努力去擴大自己這個區域的地盤就可以了，不必再耗費精力進行艱難的探索。

提爾提醒創業者，對於商業來說最重要的並不是進入某個領域的先後順序，也不是市場份額，而是未來的現金流，即盈利能力。

譬如，2004 年中國電子商務市場總體的交易額只有四千八百億元，在當中占據主要份額的還是企業間電子商務貿易。但 2014 年中國電子商務市場中僅網路零售市場的交易額就超過了四兆元，網路零售市場增長了幾十倍。

在 2004 年，即便占有網路零售市場份額的 90%，利潤也是非常有限的，但在 2014 年只需要占有網路零售市場份額的 10%，便能夠獲得巨額的利潤。對比之下，讀者就能夠看到未來現金流的重要意義。

而進入網際網路時代，新的市場層出不窮，其中有些肯定具有客觀的未來現金流，但有些則不然。此時，先入者無疑要冒巨大的風險，但後入者則可以免去這些，等到市場成熟之後再伺機進入。

創業是一個不斷試錯的過程，試錯是需要代價的，作為資本少、負擔不起試錯代價的創業者，完全可以把試錯的「機會」留給他人，自己跟在他人身後

最大的風險就是不冒風險！坐在川普身邊的矽谷奇才：
彼得‧提爾的創業故事

走他們鋪好的路。

　　這樣一說，似乎創業者就應該像下山摘桃子的猴子一樣，等農夫辛辛苦苦地栽樹、除草之後將桃子摘走。但如果創業真的這麼簡單，這個世界上就不會有給別人工作的人了。

　　後來者擁有後來居上的優勢，但這種優勢並非每個人都能夠把握得住。當別人辛辛苦苦讓桃樹結出果實之後，後來者不費一番功夫，是不可能把桃子搶到手裡。作為後來者，想要搶占那些先入者的市場份額，必須懂得另闢蹊徑，進行破壞式創新。

　　所謂破壞式創新，顧名思義就是利用創新破壞傳統的優勢。破壞式創新的手段往往是用低價推出一種低端的創新產品，用它來獲取用戶的關注，贏得市場份額，在此之後再對產品進行升級改造，最終推出完全取代在之前占優勢地位的產品。

　　譬如，當個人電腦剛剛出現時，它的實用性和市場認可度都是很差的，因此傳統的大型電腦並沒有將它放在眼裡。但是，當個人電腦的技術越來越成熟之後，大型電腦企業便失去了傳統的優勢地位，IBM就是這樣被後來者擊敗的。

　　在網際網路這種全新的模式出現之後，傳統商業領域的創業者將更容易進行破壞式創新。將網路與交通聯繫起來的叫車模式，已經讓傳統的出租行業感受到了威脅，在叫車APP剛剛出現的時候，它僅僅是為計程車安裝了一台類似於即時呼叫功能的手機軟體，但在技術成熟之後，它卻搶去了叫車市場的大部分市場份額。

　　從本質上講，破壞式創新是利用傳統商業領域薄弱的環節，對其進行有針對性的滲透，在站穩腳跟之後便開始顛覆，最終取代原來的商業模式。破壞式創新必須建立在技術發達的基礎之上，網路技術的成熟給破壞式創新提供了條件，因而我們可以看到，以破壞式創新模式進行創業的案例在當下社會屢見不鮮。

　　網路團購顛覆原有的城市生活網站；網路外送顛覆原有的外送市場；網路女性健康顛覆原有的婦科諮詢節目……破壞式創新讓創業活動變得越來越多樣

第十四章　從零到一，創業成功的奧祕在這裡

化,也越來越平民化。

相對於傳統的商業巨頭來說,創業企業無論在什麼領域都算是後來者,也應該做一個後來者。不過,在彼得·提爾看來,後來者有後來者的好處,當一個創業企業掌握了創業的基本法則,懂得利用後來者的優勢之後,他也可以創造出一個後來居上的奇蹟。

最大的風險就是不冒風險！坐在川普身邊的矽谷奇才：
彼得・提爾的創業故事

附錄

面向未來——彼得·提爾史丹佛大學創業課講義（節選，2012年）

在有些時候，我們可能會認為世界是這個樣子的：它的小處十分清楚，大處卻比較模糊，細節處讓人一目瞭然，但是總體上卻一團霧氣，以至於讓人像盲人摸像一樣，無法認識到世界的全貌。因此，無論是在商業還是在人生中，一項很重要的挑戰就是將細微之處和總體圖景結合起來，這樣才能算得上通透。

一個有趣的現象是：人文學科的人通常會對世界的整體性有較多的了解，但是對技術細節所知不多，而理工科的人則剛好相反，他們知道很多細節性的東西，但不清楚這些東西是如何或為何融入這個整體的世界當中。最聰明的那批人則會將兩類問題融合到一起，形成統一的認識，而我這門課程就是為了加速這一過程的進行。

首先，我們要講一下技術的歷史。

在人類發展史的最近一段，從蒸汽機的發明到一九六〇年代末，技術的進步都是令人震驚的。在這之前的大部分時代，人類獲取財富的方式都是從別人

最大的風險就是不冒風險！坐在川普身邊的矽谷奇才：
彼得・提爾的創業故事

的手中掠奪，工業革命則徹底改變了這一方式，貿易成為獲得財富的主要方式。

這一轉變的重要意義是無比巨大的。這顆星球上曾經生活過的人類的總數可能超過一千億，其中大部分人所處的時代基本都是停滯不前的，考慮到這一點，我們就能夠得出結論，過去幾百年裡，世界範圍內的大規模技術創新真是太不可思議了，這也讓人類對技術創新一直保持著樂觀。

人類對技術發展的樂觀在一九七〇年代末達到了頂峰，那時的人們相信未來會更好，大多數人堅信下一個五十年技術還會有更突飛猛進的發展。但事實是，除了電腦科學之外，其他領域並沒有像人想像的那樣。人均收入依然在增長，但是速度已經大幅下降了。（先進國家普通居民）工資中位數自 1973 年就一直停滯不前。人們發現自己必須不斷延長工作時間才能保持現有的生活水準不下降。

發展的減速有很多原因，工資數據不足以解釋所有原因，但是已經能說明過去上百年飛速的增長突然就慢了下來。

電腦科學成為了唯一的例外，摩爾定律促成了不斷的增長。電腦產業憑藉不斷發展的硬體和敏捷開發，在產業當中獨樹一幟，而矽谷在這之中占據著很重要的中心地位。

其次，讓我們來思考一下發展的未來。

1・全球化和技術：水平式 vs 垂直式發展

我認為人類社會的發展有兩種：水平式／瀰散式的和垂直式／集中式的發展。前者主要指大規模擴張，也就是全球化。

垂直式變化則是指重新創造東西，這裡用一個詞描述就是「技術」。如果全球化是從一到 n，那麼技術就是從零到一。許多實現從零到一的工作都來自加州，尤其是矽谷，但對於整個世界來說，這依然不夠。

值得一提的是全球化同技術之間是有內部關聯的，我們不能將它們生硬地割裂開來。舉個例子，我們要追求汽車的全球化，但卻會因為資源環境的限制而無法徹底完成，因為如果每人都有一輛車，對環境將是毀滅性的打擊。如果一到 n 的路被阻斷了，這時技術上的進步——比如清潔能源或者電動車——也

許就幫我們實現這一點，雖然我們關心的只是全球化。

2．從零到一的問題

或許我們更喜歡做從一到 n 的事情，因為這相對容易。從零到一更在本質上是完全不同的一件事，它的難度絕不是前一個的算數級別。

進行做開創性工作的創始人自己也會經常懷疑自己是不是瘋了？這裡可以拿政治做一個類比。

很多時候，美國都被認為是一個特立獨行的國家，那麼是不是美國瘋了呢？這裡每人都有槍，沒人相信氣候變暖，大多數人體重都超過六百磅。當然，特立獨行也有另外一面，這片土地上有著非常多的機會，有著最前沿的科技。不管你信哪種說法，人們都得跟這種特殊的狀態打交道。每年都會有兩萬多個覺得自己是個角兒的人來到洛杉磯，希望有朝一日能當大明星。其中很少一些人成功了。創業圈可能會比好萊塢好一點，但是也差不多。

3．教育的問題

創新是無法透過教育來傳授的，教育從本質上講是零到一的過程。我們觀察、模仿並重複，就像兒童學習語言一樣，並沒有一個兒童能發明新的語言，語言早就在那裡了。

但是對創業公司來說這是不夠的，教育能給你的只能帶你走一段路，比如可以幫你搞定 VC，但是到某個點後，你自己必須知道怎麼從零走到一，你得做一些很重要的事，而且還必須做對，而這是教育沒法給你的。

這裡，我套用下托爾斯泰的名言，成功的公司各有不同，它們找到了不同的方法來從零走到一，而失敗的公司則都一樣，都沒有走成從零到一的路。

所以，研究成功企業的案例研究其實並沒什麼用，PayPal 和 Facebook 做成了，但是要找出它們怎麼走通這條路的其實很難。下一家偉大的公司很可能不是電子支付或者社交網路公司，商學院裡的那套案例研究方法與其說有用，不如說讓人更糊塗了。

4．集中式發展的未來

關於集中式發展的未來有四種理論。

最大的風險就是不冒風險！坐在川普身邊的矽谷奇才：
彼得·提爾的創業故事

第一個是收斂論，工業革命後發展的速度非常驚人，但是會越來越慢，最後技術進步漸趨停止，無限趨近於某個水準。

第二個是循環論，技術進步是週期性循環的，有了大發展之後緊跟的就是消亡。也許人類過去的歷史是遵循這一規律的，但是想想未來人類所有知識和技術都會灰飛煙滅，一切從頭開始，還是不容易想像的。

第三個是崩塌論，有些技術進步真的有可能會帶來這樣的後果。

第四個是奇點論，技術發展到某個階段時，人類大腦將會同電腦網路融為一體。

這四種理論中，人們傾向於高估前兩種發生的機率，而低估了後兩種的可能。

再次，我們來討論一下為什麼人類的進步需要公司？

技術進步一定得靠公司作為主體嗎？為什麼不能靠那種所有人都為政府工作的社會，或者沒有組織、每個人都是獨立個體的社會呢？為什麼要靠這種中間形態的至少需要兩人的公司型社會呢？這個問題的答案可以從科斯定律中找到。

公司存在的意義在於它們能很好地平衡外部和內部交易費用。公司越大，外部交易費用就越低，不過內部交易費用會比較高。極權政府夠大了，它不需要外部交易，但是根據海耶克的理論，內部的溝通費用極高，所以中央計畫體制根本走不通。另外，如果每個人都是獨立的訂立契約者，內部交易費用被消滅了，但這樣一來外部交易費用就太高了，因為你得跟每個人都單獨簽訂協議。

最後，讓我們來討論一下創業公司的意義。

社會發展要靠創業公司來推動，但道理是什麼呢？我認為是在以下四個問題上的思考促使的。

1·成本的重要性

公司規模和內外部交易成本非常重要，在那些規模超過一百人的公司裡，員工互相之間可能都不認識，辦公室政治成了比業務更重要的事情，人們做事的動機也變了，做事的不如「會來事兒」的，這些成本不應該被低估。

第十四章　從零到一，創業成功的奧祕在這裡

有一個說法是，如果創業公司的辦公室有兩層樓，那麼職業投資者在投資它時真該好好想想。多了一層樓的辦公室，很多看起來很小的事情也會產生不小的麻煩，從外部請顧問或者將關鍵發展計畫外包出去同樣是不明智的。在過去四十年裡，這些交易費用有下降的趨勢，這也解釋了為什麼小型創業公司越來越多，但是人們還是會傾向於低估內部交易成本，由於這些成本依然很高，所以好好想想這個問題是很有益處的。

2・為什麼要去創業

對「為什麼是創業公司」這個問題，最簡單的回答可能會讓你灰心：因為你沒法在現有的實體中做出從零到一的創新。

大公司、政府或者公益組織都有些地方有問題，可能是他們沒法理解財政需求，聯邦政府由於官僚體制的影響，總會在某些方面浪費大筆的錢，但卻在另一塊削減支出。或者是因為這些組織沒法滿足個人的需求，你不能指望從一個巨大的官僚組織那兒獲得個人認可。

想做事的人都會希望能從零走到一，想要實現這一點，你必須找到一群跟你一樣喜歡從零開始的同伴，而這種情況只可能發生在創業公司，而不是大公司或者政府。

當然，為了錢或者個人聲望而去創業可能不是個好的主意，研究表明人們雖然會因為錢多而變得開心，但是過了每年七萬美元這個檔後，收入增加帶來的快樂就會開始被其他負面因素，如壓力、更多工作時間等所抵消。

相反，「改變世界」卻是一個更好的創業動機，1776 到 1779 年的美國就有點像一家創業公司，它的誕生也的確改變了世界。

不同的文化環境下人們創業的動機也會不同。在日本，創業者會被視為魯莽的冒險者，真正受人尊敬的是在某個地方終身做一個守本分的員工。這一認識的背後有一句話：「每筆巨款的背後都隱藏著滔天大罪。」那麼美國的國父們都是罪犯嗎？或者所有創業者在某種意義上講都是罪犯嗎？

3・創業失敗的代價

創業公司的待遇比成功企業更低，因此創立或者加入創業公司意味著待遇

最大的風險就是不冒風險！坐在川普身邊的矽谷奇才：
彼得‧提爾的創業故事

上的損失。有些人可能認為這些損失很大，但實際上沒多大。真正的損失不是金錢上的，如果你創業失敗了，可能什麼有用的東西都沒學到，只學到怎麼再失敗一次，可能會變得更加畏懼風險。

做一家從零到一的創業公司需要的金錢成本和非金錢成本都很低，至少能學到很多東西，因此你付出的努力也值了。而做一家從一到n的創業公司，雖然金錢成本不高，但非金錢成本會很高，如果失敗了，那可不太好了。

4．從何處開始創業

想做一家實現從零到一的公司，先要看你能不能問出並回答這三個問題：價值在哪兒？你能做什麼？什麼是其他人都沒做的？

這幾個問題都很直接。第一個問題說的是商業和學術的區別，在學術圈最被人鄙視的是抄襲而不是平庸，學術上的許多創新都是完全沒有實用價值的。如果一家公司的產出都是很奇怪的、沒有實用價值的東西，那麼是沒有人會在意它的。第二個問題是為了確保你可以在這個問題上有所作為，否則一切都只是空談。最後一個問題則是真正做出大事的關鍵，如果你沒注意這個問題那麼就只是在抄襲。

簡練一點說是：有什麼很重要的事實是只有你和很少的人都認同的？

商業一點的說辭則是：有什麼有價值的公司是沒有人在做的？

這些問題並不容易回答，但是你可以測試自己的答案是否可靠。比如現在有很多人都說「我們的教育系統爛透了，需要有人來修理它」，那麼這顯然不是你要的答案，因為雖然它可能是真的，但是太多人都同意這一點。這也解釋了為何現在有這麼多做教育的創業公司和NGO，但是值得懷疑的是這些公司是否在從事技術創新或者走的是全球化道路。

如果你的答案是這樣的，可能就對了：「大部分人認為是X，但真相是!X。」

第十四章　從零到一，創業成功的奧祕在這裡

致畢業生——彼得·提爾在漢密爾頓學院畢業典禮上的演講（2016年6月3日）

能夠被邀請在這裡演講，我感到無比的光榮。

和大多數畢業典禮上的演講嘉賓一樣，似乎我的主要特點就是——你們的父母和老師並不清楚你們的生活究竟過得怎樣，而我則是少數幾個比你們的父母和老師更不了解情況的人之一。

你們大多數的年紀都在二十一二歲左右，即將要開始進入職場了。我已經有二十一年沒有為別人打工了，所以要我總結出一個為什麼我今天可以站在這裡講話的理由，我想說，因為我是靠思考未來而謀生的。

這是一次畢業典禮，也是一次新的開始，作為一名科技領域的投資人，我的工作就是尋找新的開始並投資於它，對於那些人們從未見過或做到的事情，我充滿了信心。

這並不是我的職業生涯剛開始的時候的想法。在1989年，那時的我和你們一樣，我當時的理想是要成為一名律師。我並不確切地知道律師的日常工作都是什麼，但是我知道，他們首先要去法學院讀書，而我對學校很熟悉。

從初中、高中再到大學，我的學習成績一直都不錯。我知道，考入法學院後，面對的那些考試與我從小到大經歷的考試大同小異，我依然會是一個佼佼者。但我知道，我在法學院參加考試的原因是為了成為一名成熟的職業人士。

我在法學院表現得足夠出色，畢業後我被紐約的一家大型律師事務所錄取。然而很快我就發現這是一個奇怪的圍城，外面的人想進去，裡面的人想出來。

在工作了短短七個月零三天之後，我就離開了那家事務所，我的同事們都為此感到十分驚訝。其中一名同事告訴我，他從沒想過居然有人可以「逃出惡魔島」。這話可能聽起來有些奇怪，因為如果你真的想離開，你只需要走出大門不要回頭就可以了。不過很多人的確發現那是一個難以脫身的地方，因為當

最大的風險就是不冒風險！坐在川普身邊的矽谷奇才：
彼得・提爾的創業故事

他們殺敗千軍萬馬進入了那家公司以後，他們的身分就在相當程度上與這一切綁在一起了。

就在我打算離開那家律師事務所的時候，我得到了一次美國最高法院書記員一職的面試機會，作為一名律師，這差不多算是中了頭等獎了。它絕對是競爭的最高舞台，但我失敗了，為此感到沮喪，並覺得似乎到了世界末日。

十年之後，我遇到了一位老朋友，他曾經幫我準備過最高法院的面試，我已經很多年沒見過他了。他見我的第一句話並不是「你好彼得」或是「最近過得怎樣」之類的寒暄，而是問我：「你難道不為沒得到那個書記員的職位感到慶幸嗎？」因為如果我不是在那次面試失敗了，就不可能脫離從中學便設想好的道路，也不會搬到加州與人一起創辦了一家初創公司，更不會有現在的事業。

回想當年立志成為律師的雄心壯志，與其說它是我對未來的計畫，不如說是為當下而找的藉口。這樣，如果任何人——比如我的父母、同學，最主要還是我自己——問我對未來有何打算時，我就可以用這個藉口來「搪塞」，告訴他們不用擔心，我在這條路上走得好著呢。然而回首往事，我當時最大的問題就是，我在走這條路的時候，並沒有真正地認真思考過這條路到底會把我帶向哪裡？

當我和我的同伴共同創辦了一家科技初創公司時，我們採取了一種與其他人不同的方法。我們有意地改變著整個世界的前進方向，我們的計畫明確且龐大，目標就是要建立一種新的數位貨幣，並且用它來取代美元。

那時候，我們的創業團隊非常年輕，我是團隊裡唯一一個年齡超過二十三歲的人。我們發布第一款產品時，第一批用戶就是在我們公司工作的這二十四名員工。而出了我們這家小公司的門，在全球金融界謀生的人有數百萬之多，當我們把自己的計畫告訴其中一些人時，我們注意到一個明顯的模式：一個人在銀行業的經驗越豐富，就愈發確信我們的業務絕不會成功。但事實證明他們錯了。今天，全球每年透過 PayPal 完成的交易超過兩千億美元。

當然，我們還有一個更大的目標沒能實現——美元仍然是當今世界的主導貨幣。我們沒能成功占領全世界，然而在致力於占領世界的過程中，我們的確

第十四章 從零到一，創業成功的奧祕在這裡

建立了一家成功的企業。更重要的是，我們明白雖然做新事物是很困難的，但它遠非不可能。

在人生的這一階段，你們面臨的限制、禁忌和恐懼是人生中最少的階段。所以不要浪費你們的無畏，要勇敢地走出去，去做你們的老師和父母認為不可能做到的事，和他們從沒想過的事。

當然，這並不是說我們的教育和傳統是沒有價值的。我們可以從漢密爾頓學院的一位畢業生、著名詩人艾茲拉・龐德的身上得到啟發。他稱自己的使命只有三個單詞：「Make it new」（意為「推陳出新」）。當龐德追求「新」時，他是在與「陳」作比較，他想讓傳統中的精華煥發出新的活力。

無論是漢密爾頓學院，美國，還是整個西方世界，我們都身處一種不尋常的傳統之中。我們所繼承的這種傳統，是創新的傳統，是法蘭西斯・培根的新科學理論，是艾薩克・牛頓發現的那些之前從未被寫進書裡的真理。我們的整個大陸都是一個新世界，這個國家的開國之父們創立了他們所稱的「時代的新秩序」。美國是一個前沿國家，如果我們不去探索什麼是新，就等於是背叛了我們的傳統。

那麼，我們當前處於什麼樣的狀態中呢？今天又有多「新」？很多人說，我們正處於一個快速變革的時代。然而，創新的日趨停滯已經是一個公開的祕密了。如今，電腦的運行速度變得更快，智慧手機也是一種比較新的東西了。但另一方面，飛機的速度變慢了，火車故障頻發，房價高漲，居民收入陷入停滯……

今天，「科技」一詞已經成了訊息技術的代名詞，所謂的「科技行業」主要造的就是電腦和軟體。但就在一九七〇年代，「科技」的外延是要比今天廣泛得多的，它涵蓋著飛機、機械、化肥、材料、太空旅行等各種各樣的事物。那時方方面面的技術都在進步，帶領著整個世界向水下城市、探月旅行等方向發展，能源價格也極為便宜。

我們都聽說過美國是所謂的先進國家，和發展中國家是不同的。這種描述貌似是中性的，但我發現它其實並非中性。因為它表明我們創造新事物的傳統

最大的風險就是不冒風險！坐在川普身邊的矽谷奇才：
彼得・提爾的創業故事

已經成為了過去，當我們說美國是先進國家時，我們的意思其實是：「我們已經完成了發展。」好像對我們來說歷史已經結束了一樣，我們每一件要做的事都做完了，唯一要做的事就是等世界上的其他國家趕上來。從這個角度來看，一九七〇年代，人們對未來那美好的暢想其實是錯誤的。

我認為，我們要強烈反對那種認為我們的歷史已經結束的想法。當然，如果我們認為，我們沒有能力做成任何我們不熟悉的事，這樣悲觀的預期也一定會應驗。但我們不應怨天尤人，因為這只能是我們自己的錯，而不是時代或者發展的問題。

熟悉的路徑和傳統就像陳詞濫調一樣——它們到處都是。有的時候它們可能是正確的，然而更多的時候，它們只是被不斷地重複，卻沒有什麼證據能證明它們對於新時代的正確性。在今天演講的最後，請允許我對兩句陳詞濫調提出質疑。

第一句是莎士比亞的名言：「對自我要誠實」（To thine own self be true）。這句話出自莎士比亞的著作，而不是由他直接說出來，是借其筆下的人物波洛尼厄斯之口說出來的。雖然波洛尼厄斯是丹麥國王的高級顧問，但哈姆雷特準確地將其描述為一個無聊的老傻瓜。

所以說，莎士比亞教給了我們兩件事。第一，不要對自我誠實。你怎麼知道你還有「自我」這麼個東西呢？就和我一樣，你的「自我」可能是在與其他人的競爭中被激發起來的。所以說你需要約束你的自我，去培養它、呵護它，而不是盲從於它。

第二，莎士比亞是說，你應該對別人的意見保持清醒頭腦，哪怕這些意見來自長輩們。在《哈姆雷特》中，波洛尼厄斯可謂對女兒循循善誘，但他的意見卻並不正確。在西方傳統中，人們不是盲目地崇古——莎士比亞此作就是詮釋這一傳統的極佳例子。

另一句說濫了的老話是「把每天都當成人生的最後一天來活。」這個建議最好反過來聽：「把每天都當成你會永生一樣活。」也就是說，最重要的是，對身邊的人，要像他們永遠不會離去一樣對待他們。你在今天做出的選擇是很

重要的,因為它們會產生越來越大的影響。

這就是為什麼愛因斯坦說:「複利是宇宙間最強大的力量。」這裡的複利並非指金融或金錢,而是指如果你投入時間用於建立可靠和長久的友誼,你就將得到最好的回報。

從某種意義上說,你們之所以今天會坐在這裡,是因為你們曾被漢密爾頓學院招錄,並在這裡學習了一套課程,這套課程現在已經結束了。從另一層意義來說,你們今天之所以坐在這裡,是因為你們找到了一群能在人生道路上給予你們支持和幫助的朋友,從這裡離開,你們的友誼還會繼續。如果你能好好培養你們的友誼,它也會在未來的歲月裡給你帶來「複利」。

你們到目前為止所做的每一件事,都已經達到了某種正式的結束和完成。你們應該——同時我也希望——能盡情享受你們今天已經取得的成就。但你們要記住,今天的畢業典禮並不是另一件將會結束的事情的開始,而是開啟了一段永遠之路,這裡,我就不再耽擱你們踏上這段旅程了。謝謝。

創業法則——彼得·提爾在中國創業論壇上的演講(節選,2015年2月26日)

在科學領域裡,你能找到非常清晰的公式,你可以反覆地驗證它,不管怎麼算最後的結果都是一樣的。但創業領域則不同,一家企業的模式只能成功一次。當 Facebook、Google、微軟獲得成功後,你想要透過複製它們的模式獲得成功是不可能的,模仿它們的商業模式你得不到同樣的結果,這是在我們矽谷一再看到的現象。

不過,創業成功者在創業過程當中總結出來的經驗,的確可以給創業者帶來一些啟發,這也是 2012 年我在史丹佛大學給學生上課時的主題。

我經常問面試者這樣一個問題,有哪些你知道但很少有人認同的真理?這

最大的風險就是不冒風險！坐在川普身邊的矽谷奇才：
彼得‧提爾的創業故事

個怪問題很難回答。但很多偉大的企業，本質就是去踐行一個幾乎沒有人贊同的觀點，進入一個從未有人進入的領域，最終闖出了一片天。這是因為一些最重要的商業理論沒有得到充分的討論嗎？所以我分享一下我對這個問題的理解，作為我們這兩天討論的基礎。

在商業世界裡，我認為有兩種類型的公司存在。第一種是壟斷公司，他們是唯一做這件事情（他們在做的事情）的人，那麼他們處於非常有利的地位，他們的利潤會非常高。第二種是公司進行瘋狂的競爭，結果很難把業務發展得很好。（例如，開餐館）開餐館這個業務在世界任何地方都不好做，因為餐館太多了。

我喜歡第一種公司，這裡我提一個例子，那就是 Google，它特別成功是因為建立起了某種形式的壟斷。

從 2002 年開始，Google 就成為全球領先的搜尋引擎，過去的十三年間它沒有遇到任何方式的競爭。這導致 Google 成了一部賺錢機器，每一年都賺了數十億甚至上百億美元的利潤，比微軟賺取的年利潤還要高。但 Google 的 CEO 不會在全世界到處說，我們達到了一個非常不錯的壟斷地位，我們比微軟在一九九〇年代還要強大。因為「壟斷」總是以非常糟糕的形象出現在人們面前，它總是人為地創造短缺。

美國制定了《反壟斷法》來限制壟斷，政府曾對微軟進行過反壟斷調查。所以 Google 的 CEO 不會多談壟斷這件事。壟斷策略藏於人們的視線之外。

結果，人們總結了 Google 的很多成功經驗，但卻離使 Google 的業務有價值的事實基礎相去甚遠。我們看到大量勤奮的天才離開 Google 後，在過去的十多年間很少有人創立了成功的公司。原因就在於，他們的經驗都是在 Google 得來的，但他們卻不知道為什麼 Google 取得了成功。他們認為是因為有免費的按摩和壽司（Google 良好的待遇），是因為 Google 僱用到了聰明人，是因為公司文化……人們在創業的時候會被這些經驗誤導。

壟斷公司有四個特點。

第一點是技術優勢。這要求它們的技術比第二名好十倍。比如以前人們寫

的支票七到十天才能提現，使用 PayPal 可以立刻拿到現金。

第二點是網路效應。網路能創造流行，要產生網路效應初始用戶不用多，最初如果有數百人加入，覺得非常好用就行。

第三點是規模經濟。這也是一種類型的壟斷，隨著你的規模越來越大，你的產品（或服務）就可以更便宜。

第四點是品牌。可口可樂和百事可樂各自的品牌都非常強大，很少有人同時喜歡這兩種飲料，因此它們之間的競爭是非常少的。我承認我對這個要素的理解也不是很到位。

大公司尋找大市場是正確的選擇，但對於創業公司來說，卻要從垂直市場開始。你要關注的並不是未來市場的規模能有多大，而是你在當前的垂直領域裡占據了多少市場份額。Facebook 最初的市場不過是哈佛大學的一萬多名學生，這個市場如此之小以至於很多投資人說這個市場是沒有投資價值的。但 Facebook 的服務在十天內占據了市場份額的 50%，這是一個很有希望的起點。隨後它又擴展到了其他的大學，最終實現了正向循環。

而作為反面教材的是清潔能源。過去十年間，這個行業湧入了大量的資金，但現在怎麼樣呢？大部分公司都關門了。出了什麼問題？他們失敗的原因很多，其中一點就是他們沒整明白自己應該找多大規模的市場。

2005 到 2008 年，每一個清潔能源公司的創業者都會說我們的市場有上萬億美元的蛋糕，如果我們的市場份額達到了多少，我們就有大量的利潤。但事實上，這個蛋糕的競爭特別劇烈。有其他的可再生能源技術，太陽能領域裡就有很多種類，你不光要和美國公司競爭，還要和中國公司競爭。競爭無處不在，每個人在巨大的海洋裡都是小魚，你不確定你的未來會怎麼樣。

另外，要獲得壟斷你必須有非常棒的銷售策略。做好技術和銷售的平衡很不容易，工程師和科學家總覺得有技術就足夠好了，但他們不明白自己還需要告訴別人它為什麼這麼好。

我們看到有不少消費品的病毒式行銷非常有效，它們的技術或許是複製的，但它們依靠行銷在別人有機會跟上以前就占領了全世界。

最大的風險就是不冒風險！坐在川普身邊的矽谷奇才：
彼得·提爾的創業故事

我經常被問這樣的問題，有哪些地方適合投資，在哪些地方會發生新的機遇。我總是無法回答這樣的問題，因為我無法預測未來，我不是預言家，我只能夠跟你說有五年之後可能有多少人使用手機等，但是這種回答沒辦法給你非常具體的幫助。如果你非得就此給出答案，我覺得人們所談論的每一個技術主題在我的頭腦裡都誇大了，在美國人們談到很多教育軟體、醫療軟體，等等，我認為這些主題都被誇大了。

如果你聽到大數據、雲計算，你要盡可能地離得遠遠的，（我認為）這多半都是騙人的，能跑多遠跑多遠。為什麼對此要特別謹慎，因為這些關鍵詞和關鍵的主題，就像在打撲克一樣是在虛張聲勢，在這裡，你開發不出來和別人不一樣的企業和產品。

由於這個原因，我覺得從另一方面被低估的是那些從某種程度上能夠找到一個小市場的企業，能夠找到一個人們還不是充分理解的行業，或者說創業者拿出的概念大家還不知道怎麼描述的企業。

總有這麼一些企業能夠實現這一點，作為投資者來說，我們最大的挑戰（和機遇）就是找到這些企業，很多人都用一種傳統的方式描述他們企業，好像聽上去是很新的，跟別人不一樣的。

比如在 1998 年開始的時候，Google 說自己是一個搜尋引擎，別人說我為什麼要用你這個搜尋引擎，我們已經有二十個搜尋引擎了，所以 Google 說他是搜尋引擎可能有誤導性的，別人可能會認為這只不過就是一個跟別的搜尋引擎一樣的一個搜尋引擎而已。

Google 其實是一種特殊的算法，這個技術是完全不一樣的，所以這是非常關鍵的，有時候需要你仔細去研究，看它這個類別當中是否真正使用了完全不一樣的技術。

2004 年的時候，Facebook 剛開始創立，人們說這不就是社交網路嗎？我們已經有很多社交網路平台了，我有一個朋友（里德·霍夫曼），1997 年的時候創了一家公司就叫社交網路，所以社交網路在 1997 年已經作為一家公司的名字在這個世界上面出現了。你到 2004 年，再去搞一家社交網路，人家自

然覺得沒什麼奇怪的。

很多公司都叫社交網路,但是 Facebook 是一個真正能夠把你真實的身分和朋友非常緊密地連接在一起的社交網路,是非常有價值的用新的方式解決了一個問題的方案,所以等於是又開發了一個非常獨特的子類別,而這個子類別其他人從來沒做過。

我們作為創業投資基金就是去發現這些,在這個過程當中我們有時會高估一些東西,有時會低估一些東西。我們有時低估了壟斷的力量,有時高估了一些完全沒有差別的、過度競爭的市場當中的企業。

在我的書中,我曾經引用過這樣一句話,「所有的快樂幸福的家庭都是一樣的,而不幸福的家庭各有各的不幸」,我也把它改寫了一下,「所有不幸福的公司都是一樣的,因為他們無法擺脫同一個詛咒——競爭,而所有幸福的公司他們都是一樣的,都是與眾不同或者都是很獨特的」。

我們曾經有一本書,題目很吸引人,叫做《競爭是留給失敗者的》,按照書名來解讀,它似乎是講一個不擅於競爭的人最後會失敗。但我是從另一個角度來理解這個題目的,我們認為失敗者是內心沉迷於競爭,整天被競爭所淹沒,而忘記了其他更有價值的東西。

我在加州長大,那裡的競爭非常激烈。讀初中的時候,有個同學說四年之後你肯定能上史丹佛大學,四年之後我真的上了史丹佛大學。當初我整天沉迷於進史丹佛大學,而沒有想過為什麼要去那裡。大學畢業之後我去了紐約律所,因為每個人都想去一個非常好的律所,當時觀察一下周圍很多不快樂的人去了律所,後來我就離開了。人家開始給我發郵件說沒想到你會離開律所,後來說這是一個越獄的過程。

有的時候太沉迷於一種競爭、一種身分的確認,在競爭當中迷失了,你沒辦法找到你的理想。當然最後失敗是不好的,但是即使你贏得了競爭,可能你贏得的競爭對你來說反而成了一種詛咒。

基辛格在哈佛大學做哲學教授的時候,哲學系的同事跟他講你只看到外交軍事競爭多麼殘酷,其實學術界比這個殘酷得多。有很多非常聰明的人看上去

最大的風險就是不冒風險！坐在川普身邊的矽谷奇才：
彼得‧提爾的創業故事

好像很成功，像哈佛大學的教授，但其實這種非常嚴重的競爭使他們迷失了自己，使他們沒有能力或者精力發現更加有價值的東西，所以有的時候競爭過於激烈往往會使你失去一些東西。

在矽谷有一個非常奇怪的現象，非常成功的創業者往往不太善於社交。為什麼我們這些技術上面非常行的人，有非常好想法的創業者，在融入社會的過程當中，卻與周圍人交流的時候做得反而很不好，這是一個值得思考的問題。

在美國我們有商學院，大家喜歡去念 MBA，這些人多才多藝，通常情況下卻沒有真正自己的想法，他們經常跳來跳去，MBA 畢業以後沒有自己想法的人到了一個企業當中幫別人執行自己的想法。他們有非常好的社交圈子，互相之間能夠很好地融入，但是其實他們自己並不知道自己想要什麼。哈佛大學畢業的很多人，包括安然企業的老總，在過去的泡沫當中，包括網路的泡沫和後來引發金融危機房地產的泡沫做了非常錯誤的決定，我們要對這種現象保持警惕。

莎士比亞講過很多人願意去模仿，小孩從牙牙學語去模仿父母的話，沒有模仿就沒有我們這個社會，光有模仿是不夠的，最終模仿不能夠給我們真正帶來好的結果，有的時候你忙於模仿別人的時候要抽身看有沒有更好的方向。

我在書裡面提出非競爭的狀態，不要競爭，是我們作為投資者來說不斷去尋找這樣一些企業。投資者有時候想到，我們在教學生的時候也要束縛自己的行為，我們在實踐進行投資的時候要去看，一家企業看上去競爭得非常兇狠，競爭得非常厲害，但是它是不是一家值得我們去投資的公司。什麼是一家偉大的公司？一個沒有人去投資的公司是不是一個好公司？或者這家公司提出了以前從來沒有過的想法，它是不是一個好想法？

我們很多時候討論，當我們創投基金在投資的時候要問這是不是一家偉大的企業。但是我強調的都是這個問題後面半部分問題：為什麼我們永遠會錯失很好的投資機會？以前我們錯失很好的投資機會的原因是什麼？你不要看眼前的企業他為什麼偉大。這些問題有各種各樣的答案。有沒有一些系統性的缺陷或者有一些系統性的偏見？

在我們決定進行投資的時候，經常會被各種各樣的東西誤導。比如說我對

Facebook 的投資，在一開始的時候，Facebook 只是一個哈佛大學裡面的校園社交網站，學生們自娛自樂。

投資者不知道到底使用頻率高不高，多不多，好不好。所以這就造成了很多很多的低谷，對於價值的低谷。直到後來 Facebook 在 2000 年向更大的群體開放之後，投資者才發現它的價值。

一開始，我們投資了五十萬美元，後來大家也知道投資回報很高，但是我們在一開始也低估了 Facebook 的價值。這裡面有一個盲點，有很多的東西我們在當時很難看到它的價值。

這就是問題的第二個部分。有什麼樣系統性的偏見，阻礙了我們發現這些偉大的企業的價值？也是同樣基於這樣的偏見，我們發現不了很多所謂的商業祕密。

有很多的一些新的，像一些替代性的、所謂顛覆傳統行業的新商業模式，Airbnb 還有 Uber，我們認為 Airbnb 應該比 Uber 更值錢，所以不管是叫車軟體還是做家庭酒店的軟體，投資者對他進行評估的話，都是有投資者自己的心態和偏見在決定，甚至讓他產生錯誤的投資選擇。

不過，投資者往往都是很有錢的人，他們在進行各自的投資的時候，都或多或少會帶著一些個人化的偏見，所以我們有的時候和很多投資者進行競爭。當然一個公司我們需要有獨特的投資優勢，當有十個其他的投資者在爭我們這個項目我就退出了，因為我整天教別人要獨特，不要爭來爭去，我自己更要這樣。

我認為結構性的盲點，即剛才討論系統性的偏見就是作為一個投資公司都有一個流程。那麼什麼叫流程？比如說我們以前曾經投資過這樣的企業，以前這類企業進行的怎樣？是否有一個模式讓這次我可以再投資。因為有這樣一個模式識別的流程，一般的投資基金都有一些流程或者有一些模式。但是這些模式一旦固化到一定程度，你就要必須要小心了。

這裡，我還想提幾點想法，那就是創新可以採取的不同形式，我們也要考慮一下未來十年科技的領域將會有怎樣的發展。我們知道這個世界上有很多不

最大的風險就是不冒風險！坐在川普身邊的矽谷奇才：
彼得‧提爾的創業故事

同創新方法，我認為主要有三種模式。

第一種模式，你創造一個產品，然後你不斷對產品進行疊代，就像一個產品的曲線圖，你可以看到產品隨著時間的推移逐漸改進，這個模式是人們非常熟悉並且非常適應的。

第二種模式，你有一個非常好的點的突破，你做一件事就成功了，並給社會留下非常深刻的印象。比如說生物技術，新的製藥公司或者新的藥品或者是新的治療疾病的方法都可以是實現點的突破。我們投了不少的 IT 公司，但在生命科學方面投資還不多，這是因為這個模式大家探索的還不夠。

第三種模式，這種創新模式涉及的既不是逐步的疊代，也不是突破，而是涉及複雜的協調。目前我們這方面做的工作非常少，而我最近也在不斷思考，我認為理論上它還是很有價值的。

你把現有的一些碎片重新組合起來，並沒有創造一個新產品也沒有改善現有的產品，也沒有一個大規模的突破，但是你把所有現存的一些東西拿起來，以一種方式把它們組合起來形成新的東西。這樣一種複雜的協調，需要更多的資本。但是發生之後會非常好。

比如說賈伯斯創造出蘋果手機的時候，我們可以說其中每個部件都不是新的，那都是別人創造出來的東西，但是賈伯斯將它們以正確的方式組合起來，產生世界上第一個從用戶角度看來非常有用的智慧手機。

特斯拉汽車也是這樣。特斯拉有什麼新東西？它裡面的東西都不是新發明的，它只是把電池、汽車部件等所有已經存在的東西透過複雜的協調、把這些不同組成部分組合起來，最後成為新的產品，另外包括行銷網路等。

二十一世紀就會涉及全球化和科技的發展、進步速度。我有時候會思考，這兩點是相當不同的，在我的書中我總是把全球化放在 x 軸上也就是複製現有存在的東西，從一到 n 做同樣的事情，而科技我放 z 軸上，也就是從零到一，做新的事情，是縱向發展和深入的發展。我們生活在這樣一個世界裡，幾十年了發生了大量全球化，IT 領域有一些進步，但是在其他領域進步不大。

我想未來幾十年可能能夠出現更多創新，這樣一個挑戰不僅是美國或者西

第十四章　從零到一，創業成功的奧祕在這裡

歐面臨的挑戰，而且也越來越是中國將要面臨的挑戰，因為我認為中國此時此刻是非常接近這樣一個時點，他將走上前線，對於中國來說在未來幾十年要取得進步，對於中國來說非常重要，你要做新的事情，領導全世界來做新的事情。

那麼我們再問這樣一個問題：為什麼是 IT？為什麼這個領域特別成功？為什麼其他領域的科技成功的機率非常小？我喜歡電腦、喜歡網路、喜歡移動網路，我也希望其他領域取得成功，比如說醫學，比如說治癒癌症的藥物。我也希望食品領域取得長足的進步。

我是一個矽谷的批評者，我覺得 IT 領域吸引了太多注意力。我們應該在更為廣泛的領域有所創新，其中一個挑戰就是去拓展 IT 以外的挑戰。

有些人可能並不認跟我之前的壟斷理論，但不可否認的是，他們也受到 IT 行業的吸引，因為 IT 行業的成功就擺在那裡。

當然，還有很多創新的領域具有挑戰性，但他們都不如 IT 業吸引人。讓我們將目光投向航空業，這是一個非常具有競爭性的行業，美國已經發展了一百年的航空業，總共的利潤也沒有多少，如果我們將航空公司和 Google 相比，Google 每年利潤五百億美元，美國航空則是一千八百億美元。如果我們進入 Google 並且搜尋，那麼航空旅行當然比搜尋引擎更重要，但是如果看全球 Google 的市值，卻是美國所有航空公司加起來的總市值的好幾倍。

那麼，我想一個非常大的挑戰就是在 IT 以外的許多行業，在許多領域，建立一家成功的壟斷公司是非常困難的，如果你做一些新事情，是很難獲得定價權的，而且這個市場接受新事物非常慢。

這就使得過去的一段時間，越來越多的聰明人全都聚集在 IT 領域中來了。很多有才能的人，在電腦遊戲這個行業而不是在研究治療癌症的藥物。

這是因為作為一個電腦的程式設計師，你可以得到品牌可以壟斷，可以有一個成功的公司。而作為一個研發新藥的人，你很難獲得成功，因為這個領域需要大量投資，還要受各種各樣監管的限制，這個過程要面臨很多很多的挑戰。所以我們看到，新藥的出現要比新 IT 產品的出現少得多。

而這些，將是我們應該在未來幾十年必須面對並且解決的挑戰。

風險與榮耀，科技預言家彼得・提爾的矽谷傳奇：

最大的風險就是不冒風險！坐在川普身邊的矽谷奇才：彼得・提爾的創業故事

作　　者：	陳玉新
發 行 人：	黃振庭
出 版 者：	沐燁文化事業有限公司
發 行 者：	沐燁文化事業有限公司
E - m a i l：	sonbookservice@gmail.com
粉 絲 頁：	https://www.facebook.com/sonbookss/
網　　址：	https://sonbook.net/
地　　址：	台北市中正區重慶南路一段 61 號 8 樓 8F., No.61, Sec. 1, Chongqing S. Rd., Zhongzheng Dist., Taipei City 100, Taiwan
電　　話：	(02)2370-3310
傳　　真：	(02)2388-1990
印　　刷：	京峯數位服務有限公司
律師顧問：	廣華律師事務所 張珮琦律師

─版權聲明────────

原著書名《彼得·泰尔传——《从 0 到 1》作者的创业人生》。本作品中文繁體字版由清華大學出版社有限公司授權台灣崧博出版事業有限公司出版發行。

未經書面許可，不可複製、發行。

定　　價：350 元
發行日期：2024 年 09 月第一版
◎本書以 POD 印製

國家圖書館出版品預行編目資料

風險與榮耀，科技預言家彼得・提爾的矽谷傳奇：最大的風險就是不冒風險！坐在川普身邊的矽谷奇才：彼得・提爾的創業故事 / 陳玉新 著 . -- 第一版 . -- 臺北市：沐燁文化事業有限公司 , 2024.09
面；　公分
POD 版
ISBN 978-626-7557-12-9(平裝)
1.CST: 提爾 (Thiel, Peter) 2.CST: 傳記 3.CST: 企業經營 4.CST: 創業
494.1　　113012101

電子書購買

爽讀 APP　　　臉書